舌尖上的傳人

掌杓一甲子的百味人生 再現手路菜美味風華

✻ 推薦序

路遙知馬力

做為一個料理職人，如何入行、如何磨鍊、如何出師、如何堅守他的崗位？如果沒有秉持著一個純潔的初心、堅持一個努力的決心和持續不斷精益求精的上進心，相信便無法更上一層樓，更無法服眾，遑論要在餐飲界享有一席之地。這些經歷過的點點滴滴，就好比一位馬拉松的選手，比的不是出發時的第一，不是過程中的第一，而是最終抵達終點的成績。

本書記錄了十二位前輩的故事，他們每個人都彷彿是一整個台灣餐飲的演進歷史，從幼年時期的胼手胝足當學徒，到青壯年時期的各地學藝為事業打拼，及至中年時期的突破轉型，一直來到如今毫不藏私的傳承技藝、作育英才，正因為有了這些默默付出的傳人，我們才能安心、開心、放心的坐在那裡享用一道又一道的美味佳餚。

不是每個料理人都能一路走來如此堅持，多少人在過程中遇到了困難的時候選擇退出，畢竟廚房的環境相較其他職場顯得辛苦了許多，但是那句老話：「要進廚房就不要怕熱！」只有遙遠的路途才能考驗得出這匹馬是不是一頭良駒，路遙才能知馬力。

但是，伯樂也要有人知才行，阿謨師做為這些前輩的知音人，和他們一起經歷過歲月中的風風雨雨，從一起被師傅敲頭的學徒，到如今把酒言歡的莫逆，透過他的筆下我們才能一窺歷史的痕跡；當年如果沒有路遙和馬力二人相知相惜的情誼，不會成就各自人生中的美好。

希望藉由阿謨師這本書的記錄，讓更多人能夠知道如何成為一個料理職人，如何一路走來始終如一的尊敬你的工作，又如何為餐飲文化留下一個令人回味的美好滋味，讓天下食客都能品嚐到舌尖上的美味！

美食節目製作人、主持人——焦志方

＊推薦序

台灣飲食文化，舌尖上之永恆

台灣飲食文化的演進，淵遠而流長，隨著社會結構、文化風俗以及政治經濟的變遷，孕育其深厚的底蘊，呈現出多元豐富的樣貌。回顧國內專家學者對台灣廚藝發展之論述，雖亦多有著墨，但唯一能邀請當今十二位在國內外均享富盛名的國寶級名廚們，以訪談口述歷史、現身說法並以專書方式問世者，則並不多見誠屬空前。本書之推手陳嘉謨師傅，目前任職國立高雄餐旅大學中餐廚藝系教授級專任技術人員，將其三十多年來在餐飲業界的工作經驗，與在大學教授中餐廚藝之宏觀思維，在先進們合力支持下，完成了《舌尖上的傳人》一書，令人敬佩。

嘉謨師傅曾任職於美麗華大酒店、老爺大飯店、美琪大飯店、全國大飯店以及台中通豪大飯店餐飲部行政總主廚等職位。其後，進入高雄餐旅大學協助中餐實務教學並推陳出新，歷經十二載，研發我國十二生肖年菜與專集製作，落實產學合作，提升學生就業競爭力。此外，還帶領學生參加世界國際廚藝競賽屢奪比賽金牌，深得學生愛戴，展現其高瞻遠矚之過人秉賦，本書得以出版其來有自。

綜觀本書十二位名廚大師的口述，分享了他們一路走來的心歷路程，以及廚藝文化的傳承，在價值創生的光譜上自我定位、開創特色、建立品牌與回饋傳承的努力與成就。大師們成就廚藝之方式與途徑或有所不同，但貫穿之間的核心思維卻是共通的。從師傅們的身上，我們看到那份「堅忍不拔與力爭上游的意志力」、「持之有恆而精益求精的學習力」以及「整合多元與兼容並蓄的傳承力」，這些生活素養與人文美德，不也正是支持台灣飲食文化得以千錘百煉、歷久彌新的重要力量！繼業深信，具有意志力才能思考未來、擁有學習力方能辯論未來，而發揮傳承力就能形塑未來的前瞻思維，將會是引領台灣餐飲持續精進發展的原動力。

繼業在本書即將付梓出版之際，能有機會先拜讀本書，感到十分榮幸，相信它的發行，將帶給讀者們那份台灣廚藝創新與傳承永恆篇章的喜悅！

國立高雄餐旅大學前校長
弘光科技大學講座教授——容繼業

＊作者序

近年來，台灣餐飲市場可以說是異軍突入，不僅有多元的異國料理連接出現，更有多家知名外國餐飲連鎖企業進駐。然而，在這百家爭鳴的情況下，又有多少人會注意到，那餐桌上少了哪些好味道？

當初之所以打算出這本書，乃是因為多年的職場生涯中，我深深地感受到台灣各地飲食文化的不同。相較於世界各大知名的美食大國，台灣的土地十分狹小，但這塊寶島卻傳承、孕育了許多獨樹一幟的飲食文化。除了有國民政府帶來的中國八大菜系，也有日本殖民時代遺留的日式料理，近年來更有來自東南亞的南洋菜餚與香料，充分體現出台灣飲食文化的多樣性。

此外，台灣的餐飲經營文化與歷史也十分豐富，光是分為北、中、南、東，每個地區開餐廳、設飯店、做酒家、辦外燴，甚至是做菜的理念都有所不同，突顯了台灣各式餐飲歷史的繼承。

這些流傳下來的食譜與經營理念，不只是技術與知識的傳承，也是文化的保存與延續，不僅有其歷史意義，更是台灣在走入國際，推銷自我時最重要的資產。

從前總統李登輝時期將台灣料理端上國宴以來，我便覺得有必要將台灣本土的飲食歷史、文化記載下來，並以此為契機，召集全台多位知名的餐飲業者與名廚，集合眾人的心血結晶，刻印下這段輝煌的寶島記憶。並希望能以此為表率，吸引更多年輕世代認識這塊土地上所乘載的飲食文化與智慧。

同時，我也想藉此促進台灣料理的改良，讓現有的台灣料理在食材方面可以更多樣化，製作流程更簡便化，口味更貼近大眾需求，以提升市場競爭力與增添附加價值。台灣是個對於外來飲食文化接受度很高的市場，因此競爭相當激烈，但我相信在眾多師傅的努力下，一定能讓台灣料理再度獲得青睞。

這次有幸邀請到不少國寶級人物，有酒家菜界的一代宗師黃德興、曾擔任中華美食交流協會理事長的施進發、曾擔任廚師工會理事長的陳汀煙、蔬果雕刻大師廖清池、長年操刀國宴的黃德忠、被譽為「三代御廚」的李阿樹等共十二位師傅，每一位都是在台灣餐飲界叱吒風雲的好手，其中有些現在轉向教育，建立樹人大業，各個都是不可多得的英雄豪傑，在此特別感謝他們於百忙之中撥冗參與本書的製作。

最後，我得感謝從中穿線、協助製作的出版社總編、編輯、採編、美編們，若少了你們的協助，本書就沒辦法如此順利誕生，碰到的困難想必也會更加艱鉅。文末，在此希望讀者們下次在選擇思考吃什麼時，能夠給予台灣料理更多機會，讓這塊寶貴的飲食文化永遠流傳下去。

味覺歷史的傳承人們

台灣餐飲百年史

停留在回憶裡的酒家風華

酒家菜

滿桌精緻、豐盛的大菜，圍著桌邊的食客，穿著十分體面，多半是當時的達官貴人、政商名流。桌邊的那卡西彈奏著當時最受歡迎的歌曲，時而還有美人作陪服務賓客，時而談論著公事，更多時候是飲酒作樂、把酒言歡，談笑聲四起，這就是台北酒家菜餐廳的日常，也是台灣酒食文化的起源。

台灣的飲食文化受到許多外來文化的影響，更會隨著當時社會型態而變遷。而酒家菜在台菜的歷史演進變遷中，輝煌的時間並不長，如今保留下的也甚少，即使只是過場，卻是台灣飲食文化相當經典的台菜。

交際應酬而生的飲食文化

酒家文化起源自日治時代，一九三〇和一九六〇年代分別事是酒家文化盛行的兩個年期。一九三〇年代正值日本殖民統治時期，酒家可以說是台灣最高級的餐廳，裝潢高檔、排場禮數更得做足，才能讓宴客的主人面子十足。菜色的精緻度自然不在話下，上桌的料理擺盤更是了得，師傅們的刀工精湛，全表現在菜色上頭，一定得要是最高檔、頂級的食材、技術，才搬得上檯面。官員們喝著美酒、談笑聲不斷，邊聊天邊用餐，甚至還有藝旦作陪。這樣的景象是當時上流階層的專屬文化，是平民百姓難以接觸的另一個世界。此一時期著名的酒家有蓬萊閣、東雲閣、江山樓等，也奠定了酒家菜的基礎。

時序持續推進，到一九六〇年代，當時台灣正值經濟起飛的年代，政商界更需要彼此交際應酬，酒家菜又有了另一波高潮。能夠在酒家宴客或是受邀聚會者，可不是什麼普通人家，多是有頭有臉的大人物，達官貴人宴客、政商名流喬事情，都選在專營酒家菜的餐廳裡。

遙不可及的上流文化

台北地區的酒家菜以大稻埕和北投兩處為主，稍微細數一下，台灣光復後大稻埕地區有百花紅、黑美人等，在北投地區則有吟松閣、新秀閣等，都是頗富盛名的酒家。當時的酒家，光是建築物就夠讓人震驚了，在幾乎都是平房的年代，一棟三四層樓高的建築物，建材用料又高檔，更帶點設計感，從外觀就足以看出貧富差距的懸殊。

北投酒家菜不只涵蓋台式料理的精華，也融入閩南菜與粵菜，甚至是日式料理，所以偶爾能看到日式生魚片。但酒家菜可不只是精緻大菜，如魷魚螺肉蒜、鯉魚大蝦等，菜脯蛋、煎豬肝等在北投酒家菜的檯面也都看得到。酒家菜的特色，以繁複費工的功夫菜為主，搭配一部分的快炒菜色，口味偏重，適合下酒。

酒家菜的食材特別高級，滿桌盡是魚翅、鮑魚、燕窩、龍蝦、紅蟳等高檔食材，道數也很驚人，基本的十道，偶爾十二道，甚至是可達二十四道之多，可見當時排場對於主人的重要性。

食材如此檔次高，收費也昂貴，非名流富人可是完全吃不起。

酒家文化式微，菜色失傳

酒家菜各個都是功夫菜，許多菜色如今幾乎失傳，也鮮少有師傅知道且願意製作，但少部分像是魷魚螺肉蒜仍流傳至今，成為酒家菜中的經典。能夠回憶起酒家繁盛年代的老師傅已經不多了，現在談起酒家菜，是上一輩人的回憶與故事，風華了數十個年頭，卻沒能留下，對他們來說，那是記憶裡的無法重現的過去，在我們聽來倍感新鮮，只能流於想像。

酒家菜會漸漸沒落，主要受到政治環境影響，一來是受到兩岸無法通行，許多高檔食材多半需要靠進口，走私價格又昂貴，餐廳與顧客都無法負擔的程度，加上技術傳承上遇到困境，老師傅手藝失傳，許多功夫菜未被好好流傳。另一方面，政府的政策也有很大的影響，抽取高額的稅金之外，色情入侵酒家後，政府也決定掃黃，最後終酒家漸漸不再符合上流社會所需。

與其說酒家的沒落令人感到可惜，不如說是酒家菜的失傳讓人惋惜。當時師傅功力深厚；刀工的技巧、做菜的細緻度、火候的控制等，沒能將這些寶貴的技術留傳下來，這對於台灣飲食文化的傳承是莫大的損失。

早期有錢人家的家常菜 阿舍菜

在台菜演變的脈絡之中，除了由地方百姓發展出的家常菜之外，另一條路則是精緻的酒家菜與宴客菜。由此可知，飲食文化中的階層明顯，貧富差距也促成了迥異的飲食習慣，平民百姓粗茶淡飯，但富有人家可沒吃得那麼簡單，在台南地區更是衍生出獨特的「阿舍菜」。

台南府城的獨有台菜

台南是台灣的美食重鎮，府城小吃盛名遠播，不過這是屬於平民的飲食文化，而在早期社會階層分明的年代，連飲食都有區別。

從明鄭時期到清末，台南是全台首府，當時更是與中國東南沿海港口唯一、也最重要的通商口岸。集政治與經濟於一地，可見早期台南的歷史地位與繁榮，也孕育出獨有的飲食文化——阿舍菜。

「阿舍」是台語老爺、少爺的尊稱，泛指有錢人家，尤其指出身台南府城的望族們，而「阿舍菜」就是指這些有錢人家的廚師，為主人家所料理的菜餚。

酒家菜是政商高官社交場合的宴客菜，辦桌菜則是平民百姓逢年過節的宴席，但阿舍菜不同，是為了讓有錢人家在家宴客而來。阿舍菜更像由私人廚師依照有錢人家的飲食習慣、喜好，發揮細膩的刀工、烹調的創意與發想出的菜色，除了廚師本事要夠之外，還得滿足有錢人家的味覺、視覺甚至其他需求，形成獨樹一格的飲食文化。

說家常不家常的阿舍菜

台灣普遍的家常菜，質樸、重視食材原味，雖然阿舍菜也在此立基點上，但追求得卻不一樣。阿舍菜既然是有錢人家吃的菜色，食材用料自然不會手軟，說是家常確實也是家常，但就是有錢人家的「家常菜」，在平民百姓眼裡看來，可不家常了。

阿舍菜選用珍貴且昂貴的食材，透過繁複的工序備料，烹調出每戶人家的私房菜，有的甚至備料就要花上好幾天。這樣的料理菜色，可不是一般人家吃得起的。只有有錢又有閒的阿舍才有能力為了吃，花大把銀子請私廚準備。特別是當平民百姓過得窮困簡樸生活時，有錢人卻為了吃大費周章，這樣的生活令人稱羨，因此將這些菜餚冠上「阿舍菜」之名。

想要進入阿舍家中擔任私廚，不只廚藝要精湛，一邊掌握阿舍家習慣的口味之外，一邊還得有新發想，滿足主人的喜好，更多時候是延續家傳的口味，烹調出精湛的「手路菜」。想吃到阿舍菜不容易，能夠獲邀的都是至親好友，也讓阿舍菜顯得封閉，難以外傳。

阿舍菜所需的高超技術與失傳

阿舍菜有一個很重要的特色，即是套疊菜。所謂套疊菜就是將兩種食材組合、套疊在一起，除了看起來吸睛之外，口感層次更是一絕，不過阿舍菜對廚師來說，卻是考驗技術的時候，像是因電影《總舖師》而廣為人知的菊花干貝湯，將煎得金黃的薄蛋皮當底層，鋪上干貝、筍絲、蝦仁等餡料，經過蒸煮後倒扣在碗中，再劃十字翻開的蛋皮，宛如菊花盛開於碗中，上桌後，才將高湯緩緩沖入，如大黃花般綻放，十分美麗。不只視覺驚人，入口的清爽感更是格外迷人。

從食材和作法上，都感受到極盡奢華與澎湃的阿舍菜，未能被流傳開來的主要原因，是因為當時的大戶人家注重隱私，許多阿舍菜並不外傳，而後政府推動三七五減租的政策，使得許多大戶人家財力銳減，失去能力聘請廚師。阿舍勢力削弱後，阿舍菜也就漸漸消失。

所幸，部分曾擔任阿舍家廚師的師傅轉做辦桌菜，才讓部分的阿舍菜得以流傳下來。不過，卻僅有少數能被傳開來，是因為當時社會礙於倫理關係，不方便重現在前東家製作過的菜色，當時的多禮與顧慮，現在看來著實可惜。

辦桌菜

呼朋喚友來場辦桌

如果說酒家是有錢人家的社交場所，那麼辦桌就是平民百姓的外燴宴席。每逢婚喪喜慶、春酒尾牙、廟會慶典、慶生、入厝等，總能看見在廟口、家門口或馬路上架起棚架、擺好爐灶，總舖師時而揮舞著菜刀，快速備料，時而拿起鍋杓，大火翻炒。外場的紅色大圓桌上，擺滿山珍海味，圍著桌子的食客把酒言歡、逐桌串門子，好不愉快，這就是台灣的辦桌文化。

主人辦桌，賓客食桌

早期的農業社會，平民百姓三餐吃得很簡單，少有大魚大肉，唯有適逢婚喪喜慶、彌月慶生、遷新居、廟會慶典時，才可能會準備豐盛的菜餚，在自家門口「辦桌」，宴請親朋好友、厝邊隔壁來「食桌」。

辦桌的飲食文化起源得很早，可回溯至十七世紀明鄭、清朝時期，來自閩南、廣東地區的漢人來台拓墾荒地，危險又辛苦，於是每逢節日，便會準備牲禮等祭拜祈福，將平日鮮少上桌的雞豬養料理一番，豐盛菜餚上桌。起初，宗教祭祀和辦桌文化之間，存在著緊密不可分的關係。

不過，現今辦桌文化的樣貌，最早出現在日本殖民統治時期，當時辦桌比較像是農家宴客，或是村里的重要大事。在沒有大廚的情況下，靠得是擅長料理的村民幫忙備料、烹調；鍋碗瓢盆甚至是爐灶桌椅，都由主人自己準備。不齊全的部分，就由街坊鄰居熱情贊助；上菜當然也沒有服務人員，客人得自己將菜端上桌。為了感謝鄰居們大力相挺，宴席後將剩下的菜餚料理成「菜尾湯」，也是辦桌文化裡，令人津津樂道的特色。一切都得自己來的辦桌文化，足以見得農業社會處處充滿濃厚的人情。

辦桌文化造就的新行業

台灣辦桌文化持續演化蛻變，大約在日本殖民統治末期，才逐漸演變成現在的樣子。在初期，主人家便會聘請專業人士，由「總鋪師」負責菜餚的設計和烹調，不過桌椅的準備和擺設工作，還是得靠主人與親朋好友。到了中後期，大約民國六十年代才有商家專營棚架、桌椅出租，造就了另一種全新的獨特行業誕生。而後，也出現由總鋪師團隊負責整場辦桌的大小事情，一手包辦，並也在民國七十年代辦桌文化達到顛峰。

隨著辦桌的蓬勃發展，端上大紅桌的菜色也愈來愈澎湃。約在民國五十多年左右，辦桌菜最早期以肉類為主，豬肝、豬腳、雞肉等，以及少部分的海鮮類，但也幾乎只有魚肉。像是豬腳花生、烏魚米粉、白片雞等，現在看來平凡不過的台灣家常菜，可都曾是辦桌時才吃得到的豐盛料理。

頭兩道菜見總鋪師真功夫

到了民國六十年代以後，因為經濟起飛的關係，食材選擇變得多樣化，加入了許多乾貨、水產，像是龍蝦、紅蟳、魚翅、烏魚子、櫻花蝦等，甚至有了更多台灣在地的食材，充分展現地方風土。在這個時期就能發現許多現在熟悉的辦桌菜身影，如清蒸魚、紅蟳米糕、佛跳牆等，都是相當經典的辦桌菜。

辦桌菜有一些習俗規定，通常最先上桌的前兩道菜，就能窺見一位總鋪師的功力。第一道多半是冷盤，考驗著師傅的雕花功力和擺盤美感，甚至是食材的厚薄度，便能從中看出端倪。常見的冷盤會有烏魚子、九孔、龍蝦、海蜇皮、白斬雞約四到六種不等，通常以五拚為主，象徵「五福」。

第二道菜通常會是總鋪師的拿手菜，考驗著總鋪師調味的功力，以湯菜或羹菜為主，之後就較無規則，不過湯品、蒸魚、主食缺一不可，蒸、煮、炒、炸的搭配使用，呈現出多元辦桌菜。

辦桌菜的多元文化與人情味

辦桌菜可以說是台菜演進史的縮影，它融合了各時期的外來飲食文化。辦桌時偶有生魚片，以及美乃滋、番茄醬的使用，就是受到日本殖民統治時期飲食文化的影響。到了民國七十五年以後的辦桌菜，也能發現粵菜的元素，像是使用XO醬調味、佛跳牆台味化，還有奶油焗菜等，就是香港來的廚師們，也影響了台灣的辦桌菜。

而講求禮數習俗的辦桌宴席，可會隨著宴席主旨不同，有不一樣的辦桌菜，但因為辦桌文化的式微，和台灣從農業社會轉型為工商業社會，如今最常吃得到辦桌菜的場合，就僅剩下婚宴、尾牙而已。

不過，過去辦桌可是有九大宴席，包括結婚宴、生日宴、滿月宴、新居宴、尾牙宴、闔家宴、祈福宴、來生宴、歸寧宴，逢年過節就辦桌的文化習俗雖然已經被簡化許多，且宴客的型態也在轉變，在戶外架棚辦桌已不多見、繁複的宴席也已經不合潮流，但辦桌菜的傳承，還代表著台灣辦桌文化濃濃的人情味。

影響台灣人吃辣飲食習慣 川湘菜

川湘菜是戰後傳入台灣的外省菜之一，來自於中國西南邊的四川與湖南地區。因地理位置離海遠，除了海味之外，水產及山產都十分豐富，並在西元前三〇〇年即使用辛香料及香草調味料理，其中最常使用花椒、肉桂、艾草等，烹調出來的菜色滋味濃烈。而後隨著辣椒傳入中國，發現四川與湖南地區的氣候環境意外地適合栽種，因而廣泛地使用，也影響了此地區人們吃辣的飲食習慣，因此說起川湘菜，「辣」絕對是重點。

川菜中的關鍵：七滋八味

四川的飲食文化令人印象深刻，有很大的原因是受到地理阻隔，因此很早就被獨立出來，展現其獨有的辛香麻辣滋味。尤其是在美洲辣椒傳入之後，與在地的花椒一起使用，又麻又辣的滋味獨樹一格。

川菜的特色是利用三種椒類，包括花椒、胡椒、辣椒；搭配三香，也就是蔥薑蒜，調味的部分則搭配豆瓣醬、豆豉，呈現出多樣的口味變化。可以歸納出「七滋八味」，七滋指的是酸、甜、苦、辣、麻、鹹、香，八味表現了魚香、麻辣、酸辣、乾燒、辣子、紅油、怪味、椒麻。常見的「宮保」「乾燒」「乾煸」，看到這幾個關鍵字詞，很可能就是來自於川菜系。

傳入台灣家常，大受歡迎

烹調川菜講求火候、調味，少用珍稀食材，而是以家常味為主要特色，這也是川菜能在台灣持續流傳的原因之一。

回溯到日治時期已經有川菜料理，不過直到戰後才有川菜館出現。一九六〇年代川菜館的菜色已經頗被世人所知，像是麻婆豆腐、魚香茄子、豆瓣魚、擔擔麵、紅油抄手等取材方便、食材不昂貴，加上滋味鮮明，廣受喜愛。直到一九七〇年代川菜大盛，當時在台北市更有一條川菜巷，大大小小的菜館林立。

當時除了圓桌叫菜之外，更有名為「客飯」，一菜搭一飯的組合，經濟又實惠，如魚香茄子、辣椒豆干肉絲的客飯，頗受歡迎。

台灣飲食受到川菜影響頗深，從宮保雞丁、回鍋肉、水煮牛肉、乾煸牛肉絲、螞蟻上樹、怪味雞等這幾道菜就能知道，不僅在餐廳常見，更融合入家庭料理中，不過川菜來到台灣之後，由於花椒取得不易，逐漸改良成台式口味，辣度隨之降低。

滋味變化豐富多樣的湘菜

和川菜一樣口味偏辣偏重的還有湘菜，也就是湖南菜。當地菜式簡樸、份量十足，料理色重味濃、菜色油亮帶醬汁，滋味上酸甜鹹香兼具。菜以辣味豐富多層次、製作嚴謹、懂得突出菜餚本味而聞名。

湘菜的辛辣味其實更勝於川菜，不過卻不如川菜更是以麻辣著稱，湘菜的辣味不是一股腦地辣，而是複合後的辣味，著重鮮辣、酸辣、香辣，讓辣味有了輕重濃淡之分。如此有變化的辣，卻不如川菜的辣有名氣，是因為湘菜中的辣菜，其實比例不如川菜多，湘菜中有很大一部分菜餚完全不使用辣椒，或只稍稍用辣椒提味而已，只是一旦是辣菜，那辣度可是就不輸川菜！

比起講求辣度，湘菜更重視入味、透味、本味的關係。料理時，不能忽視每一樣食材獨特的味道，且要懂得融合食材的本味。湘菜的特色在於味型多變，分為基本味與複合味。所謂基本味指的就是酸、甜、苦、辣、鹹等單一滋味，而複合味就是將基本味組合成更複雜的味道，如酸辣、鹹辣、鹹酸、醬辣、臘香等都是複合味，如此滋味變化多樣便是湘菜。

台味湘菜左宗棠雞更出色

湘菜之所以能在台灣盛行，這就得拜名廚彭長貴師傅所賜，除了在台灣發展湘菜之外，也赴美發展，影響海外湘菜飲食甚大。其中，由彭長貴師傅在台灣研發的左宗棠雞，更是台灣湘菜館的名菜。左宗棠雞是由湘菜名菜「安東子雞」發想而來，東安子雞以花椒、辣椒、醋為主要調味，展現出湘菜酸辣鹹香的特色。但左宗棠雞則已油炸後，加入醬油、辣椒、醋調味。不過現今的餐館普遍多加入糖，以酸甜為主味，成了著名的台式湘菜。另外還有剁椒魚頭、辣椒炒肉等，只是湘菜在台灣發展有限，但煙燻臘味在台灣倒是很出名，逢年過節必定買臘肉的家庭還是不少。

以及加入地食材衍伸出的菜色如橙汁墨魚、鳳梨蝦球、生菜蝦鬆，其他還有流行的蜜汁火腿、臘味合蒸等，不過台灣湘菜發展時，因為多樣混雜的菜系，偶爾又與川菜相混，甚至加入粵菜烹調的方式，失去獨有的特色與記憶點，以致於在台灣多只能與川菜連結在一起。

淮揚菜

精彩卻不需山珍海味

淮揚菜指的是淮安、揚州、鎮江的地方菜色，與上海菜、蘇錫菜、寧波菜、杭州菜同為江浙菜系。在認識淮揚菜前，就得先認識江浙菜系。使用較多的油、糖、醬、酒，也善用醋調味，而味兼南北是最大的特色。口味上多以蔥燒、紅燒、醋溜、糖醋等，以微甜或帶酸的風味呈現，比起辛辣的川湘菜色更受大眾所接受。

食材上以水產類居多，其次才是肉類。魚鮮的烹調上，擅長使用淡水魚，如鯽魚、鱔魚、草魚等，簡單的清蒸，便能展現食材原味，或以蔥㸆長時間的燉煮入味。不只整條魚料理，還能將魚的不同部位分開調理，分為頭尾、下巴，甚至是魚腸，呈現魚肉口感上細微的差別。

一九六三年，早期在台灣的江浙菜館子並不少，至少有五十幾家，至今老字號的江浙菜館著實不少，同時吃得到上海菜、淮揚菜等。其中以上海菜在台灣名氣最大，盆頭菜、醃篤鮮、菜飯等，都令人津津樂道。

平易近人而大受歡迎

在台灣，淮揚菜有一大特點，那就是更常見的川揚菜，這是因餐館將川味引入淮揚菜之中形成的另一種菜式。雖名氣不如上海菜，不走富麗堂皇路線，也少用山珍海味，乍看菜名極盡普通，但淮揚菜有不少知名菜色，像是獅子頭、文思豆腐、蟹黃湯包等，都是知名的淮揚菜。雖然較少一眼就令人驚豔的氣派大作，但餘韻耐人尋味、平易近人的特色，反而更親民。

淮揚菜融合了中國南北方的飲食特色，帶有南方菜的鮮、嫩、脆，同時又巧妙地融合北方菜鹹、色、濃的特點，讓淮揚菜鹹甜適中。此外，淮揚地處南北交匯的水陸要衝，向來就是富庶的魚米之鄉，鮮少使用珍稀的食材，而是以鮮活的豬肉、雞禽、淡水魚及河鮮為主。調味上偏向清淡，並追求食材本味。

淮揚菜在料理過程上，講究火功，擅長燉、燜、煨、焐、蒸、燒、炒。且刀工極爲精細，堪稱中國菜系之最。從選材到刀工，甚至到烹調，貫徹著嚴謹的精神，發展出獨樹一格的淮揚菜。

展現刀工的極致

淮揚菜中的文思豆腐，正是考驗師傅刀工精緻度，又能試出淮揚菜清淡爽口風味的一道料理。相傳這道菜有三百多年歷史，要角為豆腐，其他副食材有金針菜、木耳、筍子、紅蘿蔔、香菇、雞肉等，都得切細成絲線般。試想看看，要將一塊軟嫩易碎的豆腐，切成如髮絲般細緻的豆腐絲，淮揚師傅得要有多精細的刀工？盛入碗中的文思豆腐，羹湯裡頭散開的豆腐絲，沒有華麗的美，卻有著耐人尋味的氣質，這就是淮揚菜的獨特風格。

家常獅子頭的來源

另一道經典淮揚菜，就是屬於鎮江名菜的蟹粉獅子頭。鎮江人用蟹肉和豬肉，將其剁成細末做成的肉丸，俗稱為「斬肉」。這是一道菜講求刀法刀工料理，可能你會好奇，不是絞肉打一打就好了嗎？那可不，肉的黏性可得靠手工切出來，以及摔打出來的。標準的蟹粉獅子頭軟嫩細緻，與現今加入雞蛋、麵包粉的作法完全不一樣。肉丸要不斷地反覆左右手互相摔打，不能散開，才能達到入口即化的口感，與家常獅子頭口感完全不同。

烹煮蟹粉獅子頭以砂鍋燉製為佳，心思要細，火候也要細細小火，慢燉加熱四小時以上，若不小心火開大了，纖弱的獅子頭可會散開，成了絞肉湯，千萬不得著急。然後湯頭也是不容小覷，高湯用的是豬腿骨、老母雞、老鵝、火腿等食料，經八小時以上小火熬製，也是這道佳餚的鮮味來源。從刀工、烹飪技術、調味三個關鍵缺一不可，讓蟹粉獅子頭不僅湯底帶著濃郁清鮮，獅子頭也吸收精華，這樣費工的菜色，入喉的韻味自然層次豐富鮮明。

在台灣雖然鮮少專售淮揚菜的餐廳，但在江浙菜餐廳中，倒還是能吃得到不少淮揚菜。但並不難發現，淮揚菜在師傅的技術下，可以是精緻厚工的菜色，但對於一般家庭來說，因為食材容易取得，在不特別講求技術、賣相的條件之下，讓獅子頭成為台灣常見的家常菜。

港粵飲食

從粥飯麵到點心，都深受台灣人喜愛

台灣人對於港粵飲食再熟悉不過了，走在夜市也會看到菠蘿包、絲襪奶茶、公仔麵等港粵平民飲食；燒賣、港式蘿蔔糕等港式飲茶也不少；燒豬、燒鵝、燒鴨除了在街上的燒臘專賣店吃得到之外，在高檔精緻的粵菜館也頗有知名度，港澳飲食文化可謂雅俗共賞，早已滲入台灣飲食文化之中。

重鮮味、擅用珍稀食材

粵菜是中國八大菜系之一，由廣州、潮州和東江三地區的菜式組合而成，分別稱廣府菜、潮州菜、東江菜。粵菜食材選用廣泛，並善用各種海鮮、野味，如石斑、龍蝦、田雞、海參、鱉等，或瑤柱、花膠、魚翅等高檔乾貨。當地物產豐富，加上地利之便，有許多進口食材可以運用，因此食材選用珍稀，菜色有更多前所未有的翻新，花膠扣鵝掌、脆皮烤乳豬都是廣府菜的經典。

而粵菜師傅在烹調方式上，擅長清蒸、煲煮、白灼等，重視食材的新鮮之外，品嚐各式羹湯粥品時，便能感受出其保有的鮮味。然後調味上運用多樣，如蠔油、魚露、沙茶醬、咖哩粉等，不僅帶有中國南部的風味特色，也受到西方飲食文化的影響。不過，不論粵菜如何變化，都以「鮮味」為主旨，食材的鮮之外，保鮮、提鮮、補鮮、助鮮等，都是粵菜追求的境界。

融入酒家菜、宴席菜之中

運用高檔稀有食材的特點，正好適合宴客菜、酒家菜，於是早在清末就有廣東廚師將燒乳豬、魚翅、鮑魚帶入酒樓或宴席菜中。戰後，又有一波廣東人進入台灣，將更多粵菜文化帶入。最早的粵菜館可追溯至一九四九年，除了販售粵菜之外，當時還設有早茶時間，提供港式簡易的麵飯粥點等，可說是台灣最早的港式飲茶。粵菜在台灣深受民眾喜愛，到了一九七〇年台灣正式引進港式飲茶，粵菜餐廳與飲茶共存的餐飲模式便大致底定。

其中的潮州菜以烹調海味最為拿手，注重食材原味，也會搭配各種沾醬像是豆醬、梅醬等。

另外喜愛湯菜類的料理，如魚翅、燕窩便是湯菜的要角，整體口味清爽淡雅。除此之外，潮州滷水頗負盛名，不加醬油的白滷水，以中藥材、香料、魚露製成，以滷鵝最具代表。不過由於來台灣的潮州菜師傅較少，因此能見度偏低，不如廣府菜出名。

另一支系的東江菜指的就是客家菜，和廣府菜和潮州菜相較之下，客家菜簡樸許多，鮮少使用水產或珍物，而是以醃漬物為特色，以東江釀豆腐、梅菜扣肉出名，但和台灣的客家菜略有不同。不過東江菜未在台灣受發揚光大，主要原因是因為客家人渡海來台後，類似的飲食文化早已生根台灣。

飲茶文化蔚為風潮

飲茶起源自廣州，清咸豐同治年間有所謂的「二厘館」，茶資二厘就有一壺茶、兩樣點心，是市井小民休息或消磨時間的地方。這樣的餐飲模式持續發展成現今的茶樓、茶館，早上飲茶點些粥麵點心，打發早晨時光。這樣的飲茶館最早在一九五二年引進台灣，提供簡單的粥麵粉飯，直到一九七〇年才正式引進廣式飲茶，這讓原本在台灣的粵菜館，也開始販售起點心。甚至到一九八二年，全台北有多達三百多家的粵菜館，其中有三分之一供應飲茶，足以證明港粵飲食在台灣的能見度之高。

港式飲茶在台灣迅速竄紅，燒賣、蝦餃、蘿蔔糕、粉腸、叉燒包等人氣港點，除了美味，餐點種類多、份量少適合親朋好友分享不同口味、聚會聊天，且價位上相較粵菜來說，港式飲茶低得多。可惜的是，過去的港式飲茶是以服務員推著點心車，逐桌讓顧客挑選，這樣熱鬧的氣氛是飲茶文化中有趣的風景，現在因降低成本、減少衝撞或燙傷，或是避免叨擾客人用餐等考量，而改由點餐直送餐桌。雖然如此，但直到今日仍有許多香港的點心店來台擴點，可見港粵飲食魅力未減。

味覺歷史的傳承人們

總統
廚藝
黃德興

酒家菜界的一代宗師

黃德興師傅

醇厚手藝裡的古早味

「念念不忘，必有迴響」這是電影《一代宗師》中著名的經典台詞。在台灣的餐飲界中，也有一位畢生鑽研於酒家料理的一代宗師，信奉著「有一口氣，點一盞燈」的傳承精神，將近年來幾乎絕跡的酒家佳餚再次重現於饕客的餐桌上。已屆八十高齡，廚藝生涯有七十餘年的黃德興師傅謙虛的表示，自己並不是位天賦異稟的奇才，只是憑著多年累積起來的經驗與手藝，在一次次的嘗試中不斷追尋學徒時期的遙遠記憶。做為日治時期著名酒家「蓬萊閣」的末代學徒，黃師傅至今最大的心願，便是將乘載著台灣歷史記憶的酒家文化，傳承給下一世代的後起之秀。

生逢戰亂　早日離家

與其他年齡相仿的同輩相比，出生於民國二十五年的黃師傅認為自己的際遇已十分幸運。由於他生長於戰爭時期，自小便於防空壕度過童年，並沒有讀書識字的機會，只能跟著母親靠打零工餬口過日子。直到戰爭結束，被徵召至東南亞擔任軍伕的父親終於平安歸來，但一家人的生活並沒有因此改善，當時不僅難以找到一份穩定的工作，連打零工的機會都十分少有。

「那時我們家後面有一戶姓陳的鄰居，陳家的媳婦是我媽的遠親，她看我時常沒工作做，就把我介紹給她在蓬萊閣擔任師傅的弟弟。」為了求一份溫飽，黃師傅自十二歲起便到位於大稻埕的高級酒家蓬萊閣做童工。黃師傅表示，與當時於北投大屯窯窯廠工作，每餐只有瓠瓜飯配大豆的父親和哥哥相比，能在蓬萊閣做童工的自己幸福許多，不僅餐餐吃得飽，還能享受到白菜滷與豬油渣，可說是平常不敢奢求的員工福利。「雖然許多年輕一輩總覺得來餐廳當學徒是件苦差事，但對我來說，蓬萊閣的童工生活是我小時候最快樂的回憶。」

在黃師傅的印象中，蓬萊閣是一間三層樓高的建築物，本身店面約寬二十公尺，一樓大門左右兩邊各有一間專門用來招待貴賓的包廂，二樓是可以容納到六、七十桌的大宴會廳，三樓則是隱私性較佳的小宴會廳。不只是建築材料相當高級，連大門玄關的設計都跟總統府一樣，車可以直接開到門口，並由戴手套、禮帽穿著體面的服務生接待。除了建築本身外，大門四周還有花園與樹圍，對於出對於出生寒苦的黃師傅而言，整間蓬萊閣如同人間天堂般，聯繫

黃德興師傅48歲時，在來來香格里拉飯店擔任主廚。

著不屬於自己的另一個世界。

人間蓬萊 學習成長

作為北台灣商業重鎮大稻埕首屈一指的高級酒家，蓬萊閣的酒家菜從食材挑選到製作工法皆十分講究，做起來也很費工夫。「蓬萊閣的湯可分為三種：一級湯、二級湯、三級湯。一級湯用蛇肉、牛肉、全雞、火腿下去熬煮；二級湯則是牛肉、火腿、豬腳、魚皮燉煮；三級湯才是使用雞骨、肉骨、鴨骨下去煮，算是比較大眾的湯。」不只是料理複雜，每一位師傅都有自己專門負責的工作。「當時光是師傅就有三十位，其中十七位負責閩菜，八位負責粵菜，做川菜的師傅則有六位，加上負責員工伙食的師傅、廚工與洗碗工，廚房內總共有四、五十人。」扣除家住台北的師傅，當時身為童工的黃師傅就跟其他人一同住在蓬萊閣後方，另一棟分隔成兩層樓的矮房。

回憶起那段生活，黃師傅表示蓬萊閣的廚房不只是人手眾多、分工詳細，連升等制度也十分嚴格。剛進來的廚工會先從小工開始做起，分成三組從事不同的工作，分別為收拾酒瓶、清理煤灰和買菜跑腿。從小工畢業的廚工便會被調去顧蒸籠、顧油鼎，直到砧板切菜這一關也通過後，才能正式成為一位師傅，有在廚房裡做菜的資格。然而，師傅對於廚工並沒有教導的義務，若想出師便只能夠各憑本事。

黃師傅做事認真又勤奮，看到師傅有需要便上去幫忙，因此獲得不少師傅們的青睞。「以前的技術並沒有記在課本上，除了要自己努力，也需要師傅從中牽線。」與其他人比起來，黃師傅總是最晚才下班，因為他知道只能多做一點，才會有多一點學習的機會。

然而，物換星移，蓬萊閣在一九五三年結束營業，畫下象徵酒家時代的休止符。失去歸依的黃師傅只能跟著蓬萊閣的師傅投靠他方，繼續邁開廚藝生涯。在接下來二十五年的歲月中，黃師傅前後任職於文華莊飯店、白百合、東雲閣、百樂匯、時代等飯店等地，並於一九八〇年在朋友引薦到來來香格里拉大飯店負責福園餐廳的籌備工作。

國際交流 中餐西吃

談起在來來香格里拉大飯店擔任福園主廚的那幾年，黃師傅認為那是自己最有收穫的一段時光。「那時蔡老闆從大倉集團找來日本料理師傅，從海外聘請法國廚師，從希爾頓飯店挖角西餐師傅，並錄取在蓬萊閣待過五年的我。」與異國料理的交流促使黃師傅開

黃德興師傅推廣屏東洋蔥，並於招待所與前總統李登輝合影。

始思考，大眾口中的「台菜」、「台灣菜」到底為何物？

現在街頭巷尾餐廳林立，許多都標榜著「台菜」餐廳。黃師傅認為，若要真仔細追尋起台灣菜的淵源，其實會比較偏向福建的閩菜，早期台灣是移民社會，大多數的唐山祖皆來自福建，因此在口味上也會比較相似。「早期移民開墾生活比較苦，百姓生活吃的都是些清粥小菜，像菜脯蛋就是一個代表，其他菜色如白斬雞、蝦丸湯也是屬於口味較淡，較容易反映食材原味的菜餚。」

不過，隨著時間的推移，來自中國外省族群陸續將家鄉菜帶進台灣，但環境使得他們許多家鄉菜無法完整重現，除了戰爭後物資缺乏之外，等到台灣經濟起飛時，全台餐館數量爆炸性的增加，不僅造成菜系混淆，師傅也人手不足，只能以類似的食材和調味料湊合著用。日子一久，大多數師傅也都不記得菜餚的出處和原本的製作方式，便將所有元素混在一起的菜餚稱之為台灣菜。

「自從西餐和東南亞料理被引入台灣後，它們所夾帶的元素也多少融入了台灣的餐飲界中，如今若要我講出台灣菜的主題或特色，我大概也講不出來了。或許，將世界各地菜餚的元素全部合在一起就是台灣菜的特色。」黃師傅坦言，對於受過嚴格訓練，行事謹慎的自己而言，概括帶出台灣菜的主題並不是一件簡單的事情。然而，黃師傅卻也因此研發出中菜西吃，一道一道依序而上的新潮吃法。

「所謂的『南甜北鹹、東辣西酸』就是指大眾對中國各地菜餚的第一印象，廚師的工作便是從市場的評論中不斷尋找趨勢，因應做出調整或改良。」黃師傅認為，隨著時代變化和技術進步，人們的口

與交通部副部長毛治國，於康熙苑俱樂部合照。

味和價值觀也會有所差異，因此菜餚的改良與創新確實有其重要性。

開創先驅　堅守精神

信手拈來就總是講不完的人生故事，但是一輩子鑽研廚藝的黃師傅勤懇的表示：「菜我會做啦，不過就不是一個會講話的人。」作為一位經歷大風大浪的佼佼者，黃師傅對於中餐改良的概念不侷限於食材或製作方式，而是將中餐精緻套餐化。

「早期蓬萊閣有許多大菜，端出來不只是場面澎湃，十幾個人吃也吃不完，但現在不是所有客人都那麼講究排場，也不一定每次都能湊到一整桌。為了讓客人在品嚐豐富菜色之餘不會有吃不完的壓力，我把許多大菜精緻化，從十幾人份以上改良到三、五人份。」

除此之外，也將西餐服務生為客人單人份上餐的高級氛圍引入餐廳，開發出一道道小巧玲瓏，剛好一人份的餐點，並將這類餐點依西餐的上菜順序分類，以套餐形式現身於餐桌上。

為了維持食材的品質，黃師傅總是不惜成本。當其他家餐廳為求經營，將食材成本壓在三成以下時，黃師傅則堅持將食材成本維持在四、五成，自己則身兼多職以降低人事成本，並以口碑代替花錢宣傳。若碰上食材短缺時，黃師傅寧願自掏腰包，進口較為高級的食材作為代替，也不願意讓花了同樣價錢的客人受到不如預期的待遇。黃師傅不只在餐點上用足心力，對於餐廳的細部配置也十分講究，就連盛裝菜餚的器皿與餐具都要求特別設計。

然而，不論任何改良，都必須建立在傳統文化背景與大眾需求之下，而不是為了方便或省錢就任意東拼西湊，不僅缺乏精益求精的精神，更會導致失去原本飲食的文化脈絡。他堅定的說道：「改變是不斷精進和改良，而不是改變中華飲食文化的烹飪精華！」這點一直是黃師傅無法讓步的堅持。

觀念傳承 啟發後世

多年以來，一直有各方人士不斷邀請黃師傅，希望他能將當年蓬萊閣的酒家菜完整重現。「但，這種古早味不僅成本高、製作過程複雜，口味上也較重，不符合現代餐廳的經營方式也難以被現代人所接受。」黃師傅表示，以前的食材與醬料跟現在差很多，其實已經不可能再吃到一樣的味道了。儘管時代一直在前進，只要立意良好，不固執守舊，其實有些創新也是不錯的。

現今退休的黃師傅秉持著：「做菜就像是一門藝術」。以鍋鑊為器，以碗盆為材，以肉菜為料，在認真思考後盡情發揮創意，並謹守「用心、認真、新鮮」三個原則，他認為如此料理出來的才是一道道佳餚。而古早味其實就是一股精神，現在很多人就連準備食材都求效率，但是美味的層次就天差地遠，舉個例子，大部分香菇去蒂都是用刀去切，黃師傅一抹微笑提到：「很多菜如果用人工去撕，天然切面呈現的不同味道就會不一樣，而這就是烹飪精華之所在。」

市場潮流總是在改變，客人的口味也會隨之變化，廚師除了要想辦法做出迎合客人口味的菜餚，還要注重用餐者的健康。黃師傅認為，這是一份需要責任心和耐心，時時保持嚴謹的工作。若能維持那一份精神，無論市場如何變化，都能站有一份立足之地。

黃德興師傅到法國，參觀牛隻屠宰工廠。

羊肉魚頭鍋

一代宗師記憶的復刻

從文字的結構來看，「鮮」這個字是由魚與羊二字組合而成，就如同這道「羊肉魚頭鍋」味道鮮美、湯汁鮮甜。不少人喜歡吃羊肉爐補身，因此在魚頭湯裡添加羊肉，不僅風味獨特，營養也特別豐富。

對於黃師傅而言，這是一道別具歷史意義的料理，是他以記憶中味道、樣貌復刻而成，充滿十足古早味的料理。這道料理的每樣食材都需要特別處理，牛骨、旗魚骨要先烤過；羊肉、雞腿肉、鰱魚頭、百頁等要先炸酥；腐竹、乾香菇泡水後切片，因此做工上可說較為繁複，但品嚐起來完全沒有魚肉、羊肉的腥味，反而多了一股濃厚的香氣，且吃起來有豐富的膠質。

黃師傅表示，由於羊肉魚頭鍋十分具有特色，且以細火慢燉，讓食材充分吸收湯頭的精華後，熱騰騰的羊肉魚頭鍋便能上桌。這道料理不僅是對於料理的講究，更展現黃師傅對於飲食文化的傳承意義。

羊肉魚頭鍋

黃德興 師傅

材料

帶皮羊肉塊 ——— 1000 公克
鰱魚頭 ——— 1 顆（約 800 公克）
金華火腿 ——— 100 公克
高麗菜 ——— 360 公克
百頁豆腐 ——— 200 公克
腐竹 ——— 80 公克
乾香菇 ——— 50 公克
粗粉絲 ——— 60 公克
青蔥 ——— 30 公克
薑 ——— 20 公克
紅辣椒 ——— 15 公克
牛骨（烘烤）——— 800 公克
旗魚骨（烘烤）——— 300 公克
雞腿肉 ——— 600 公克

調味料

花椒 ——— 3 公克
蠔油 ——— 30 公克
米酒 ——— 10 公克
沙茶醬 ——— 35 公克
豆瓣醬 ——— 20 公克
醬油 ——— 30 公克
冰糖 ——— 15 公克

作法

01 雞腿肉抹上醬油，下油鍋炸至著色後起鍋。

02 準備一鍋 5000 毫升的水，放入烤過的牛骨、烤過的旗魚骨、炸過的雞腿肉熬煮 4 小時，完成 2000 毫升的高湯。

03 帶皮羊肉塊先以醬油醃製，然後下油鍋炸至金黃色，起鍋後再放入高湯煮半小時後，撈起備用。

04 鰱魚頭挖掉眼珠，沾上地瓜粉下油鍋炸酥炸熟。

05 紅辣椒、青蔥切段，薑、金華火腿切片，百頁豆腐切片後下油鍋炸酥。

06 腐竹、乾香菇、粗粉絲泡發後，腐竹切段、香菇切片;高麗菜切片汆燙備用。

07 起鍋熱油爆香花椒、薑、青蔥、紅辣椒，加入蠔油、沙茶醬、豆瓣醬、醬油、冰糖、米酒，倒入高湯煮滾 30 分鐘後，將材料全部撈起只留高湯。

08 鍋內放入高麗菜、金華火腿、百頁豆腐片、腐竹段、香菇片、粗粉絲，然後將魚頭、帶皮羊肉塊放於鍋物上方。

09 最後將高湯汁倒入，再煮 10 分鐘即可上桌。

名廚真功夫

* 牛骨與旗魚骨先烤過、雞腿肉先炸過再拿來熬湯，這樣可以增添高湯的香氣。
* 鰱魚頭先去除眼珠，油炸時才不會因高溫而爆噴出來。

1
2
3
4
5
6
7
8

川湘菜界的長青樹

張華九師傅

一手打下台灣川湘菜基礎

燒得一手好菜的張華九師傅，把做菜當做自己的生命，把食物當做自己的靈魂，不僅曾經隨著前總統李登輝訪美，擔任隨行主廚，更是台灣川湘菜界的長青樹。出身眷村的張師傅有著不遜於軍人的豪邁性格，精通廚房十八般武藝的他於六〇年代南征北討，一手打下台灣川湘菜的基礎。擁有紮實功夫的張師傅於七〇年代進入台北喜來登飯店，在一次次招待外賓的宴會中，將自身廚藝提升至國際舞台的高度。然而，這些資歷並沒有使其驕矜自傲，張師傅反而謙虛地表示這些都是熟能生巧。

✤不畏吃苦的眷村子弟

被稱為「快手九哥」的張師傅，不僅炒起菜來身手俐落，說起話來也相當直爽。他真摯的表示：「走入這一行，當初真的只是為了一口飯吃。」

回想起兒時記憶，張師傅最深刻的便是當時住處附近發生過幾次火災，或是碰到較強烈的颱風侵襲則須連夜撤離，暫時搬到附近的活動中心避難。在如此不穩定的生長環境下，張師傅說：「當時真的很常在夜晚驚醒，因此有時也會去爸爸工作的地方住。」不過也正因如此，張師傅才有機會靠近同樣身為廚師的父親。

「由於爸爸的職業是廚師，工作關係平常很難碰面，總感覺難以親近，但看到至少做廚師在吃的方面比較有保障，就決定走上這一條路。」作為家中的長子，張師傅優先考量的是年幼弟妹們的溫飽，雖然年少時他有著許多夢想，但在現實考量下，張師傅一肩扛起家中的梁柱，踏上與父親相同的道路。

學徒生涯對於張華九師傅是一段探索的歷程，扣除料理台上的各項操作，劈材、生火、洗碗、清潔等雜事都是工作的一部分，雖然過程十分辛苦，但是依然無法抹去張師傅的學習熱忱。工作之餘，他也常常利用閒暇時間ＤＩＹ，「有一次看到師傅在做拔絲香蕉，覺得炸香蕉很有趣，就買了香蕉回家動手做，結果炸出來的香蕉卻是一團焦。」為此，他不斷練習，後來才知道，炸香蕉除了要控制好油溫，香蕉下鍋的速度也要夠快，香蕉才不會在油鍋待太久而軟掉、爛掉。

張華九師傅參與荷蘭旅展，於現場與毛治國先生（中）、嚴長壽先生（中右）合影。

對於學徒而言，失敗乃家常便飯，但凡事唯有自身實際體驗，親手操作才能得到最真實的經驗。

✤南征北討 引領川湘潮流

民國六〇年代是國內川湘菜市場快速發展的年代，同時也是張師傅大放異彩的舞台，由於他熟稔川菜和湘菜，因此很快就被老闆看中，選為上場打穩基礎的先鋒部隊。「一家新的餐廳，口碑最為重要，所以老闆一定會找最好的師傅來做，打下最好的口碑和傳統。」面對經濟起飛所帶來的新興商機，既是張師傅的轉機，也是項磨練。為了不使老闆失望，張師傅在每一次進駐前都會做足準備，上從廚房擺設到食材挑選，下到與同事熟絡、觀察客群，盡最大的努力，使每次開張都是成功的開始。

「其實，許多成果還是要靠天時地利人和，並非只看自身的實力或努力。」張華九師傅謙虛地表示，一家餐廳的成功與否在於三個指標：一堂、二廚、三櫃台。「堂」是指接待客人的服務人員，他們除了是餐廳的門面，若與客人對談間能了解其飲食喜好並告知廚房，那廚師便能更精準地掌握客人的需求，端出最符合客人的料理。「廚」為負責料理的師傅們，也是餐廳的靈魂人物。「櫃台」則是指酒足飯飽後，向客人收錢的櫃台人員，良好的互動不僅能讓客人感到賓至如歸，樂於付款之餘也能進一步增回流率。雖然廚師對餐廳而言極為重要，但是若無外場人員的配合，也難以成為一間成功的餐廳。

張華九師傅參加荷蘭旅展時，在當地廚房與同仁們合照。

✤進軍飯店 拓展高度視野

十多年的領軍經驗造就張華九師傅一身好功夫，精通各式料理技巧之餘，也對餐飲界的動向瞭若指掌。然而，事業上的成就並沒有使他驕矜自滿，仍然持續學習，充實自己的視野與技藝。「那時剛好有人找我去來來飯店，我想這是個改變環境、進一步磨練的大好機會，於是就去了，結果一待就是十八年又三個月。」作為當時飯店界的領頭羊，來來喜來登大飯店不僅接待來自世界各國的客人，對於餐飲的講究程度更是與一般餐廳有顯著的差異，對於張師傅而言真的是一項前所未有挑戰。

提到挑戰，張師傅又舉例道：「像一般的外國人不吃內臟，原本有些用到內臟的料理在進了飯店後，為了符合國際人士的飲食喜好，便需在食材上做出改變，但是，同時還是要想辦法維持原有的味道與口感。」除了絞肉、火腿等肉類取代內臟，張師傅亦添加了帶有嚼勁的筍絲與厚實的香菇，以模擬出內臟的口感。這樣的作法並非偶然的靈光乍現，而是長年經驗累積下所反映出來的對策。

不只是食材使用與料理方式的改變，張師傅同時也得面對不同於一間餐廳的龐大人事體系。「我在這十八年又三個月間，從一位廚師做到行政主廚，管理範圍從一間廚房到十八間餐廳，任何地方出了問題都得負起責任。」張師傅直言，這項職位對他來說的確是股沉重的壓力，不過，卻也讓他跳躍到更高的視野，來看待經營餐廳一事。這段歷程更使他從中發現台灣餐飲環境的轉變與隱憂。

張華九師傅參與 2011 年世界廚王台北爭霸賽，與其他參賽選手合影。

✤ 腳踏實地　謙虛學習

「當時，蔣公來到台灣，把中國最好的廚師都帶上了，但是擁有一切資源的我們，近年來卻漸漸失去大部分的優勢。」身為一位中間管理者和過來人，張華九師傅表示過於便利的環境與近視短利的價值觀正在侵蝕台灣的餐飲市場。

以前的師傅為了充實自己的知識，不但得時常找書、買書自己做練習，有時還得出國向外國的師傅拜師學藝。平時辛苦慣了，麻煩慣了，也知道眼前的資源得來不易，不僅願意多花時間反覆嘗試，也樂意投入自身所有的精力來磨練自己；現在資訊雖然便利，不用像以前需要花費許多時間尋找資料，但是也造成許多師傅不懂得珍惜，實際遇到問題只會紙上談兵，而缺乏真實上場練兵的經驗，自然就無法接觸到其中的精髓。

這不只影響了師傅的廚藝，對於餐飲文化也有嚴重的影響。「就像房子的結構，從外觀無法看到內部的梁柱與地基，不過這些結構卻是使房子屹立不搖的重要關鍵。」張師傅認為，若一位廚師只懂得照著食譜做菜，卻不懂這道菜餚的涵義與緣由，便容易陷入依樣畫葫蘆的的圈套，不僅難以依據市場需求變化，也難以從中找到精進的空間。同樣的，追求簡便的態度，亦會導致師傅不再用心挑選和料理食材，且食材代工層出不窮，間接造成品質控管問題與食安隱憂，嚴重傷害客戶對餐廳的信任感。

另外，同行相輕也是台灣餐飲界進步緩慢的一大原因。在資訊爆炸的時代，有些餐廳或師傅為求知名度，不得不以比較誇張的方

式宣傳行銷，但這種不實包裝久了只會落入自欺欺人的圈套，甚至阻礙自身進步。「其實，我很不希望自己被冠上『達人』『大師』等稱號，這些頭銜對我的料理來說，並沒有任何實質的效益。」張師傅認為，這些外在的名稱並無法真正的讓料理層次提升，所以無論年資再高、獲獎再多，與人相處都應該保持謙虛，不僅可以維持良好的人際關係，也可以見賢思齊提升自己。

中華料理　薪火相傳

張師傅是長年往來各華人地區的親善大廚，除了定期與兩岸各地師傅切磋交流之外，也經常擔任料理課程的教師。相較於飯店的行政經驗，各地的文化交流帶給張師傅另一種深刻的體悟。

「明明是同一道菜，為什麼不同人做的所呈現出的味道和作法都不盡相同？最主要的原因就是因為有『媽媽的味道』，每個家庭的作法不同，才有這些差異，但是現在大部分的『媽媽』都不再開伙，菜餚的多樣性漸漸也減少了。」社會變遷下誕生許多雙薪家庭，也造成家庭失能與飲食文化失傳，成為現代社會面臨的危機。張師傅感嘆，年輕世代接觸中華飲食的機會越來越少，平時選擇多元、力求簡便，往往逢年祭祖時才吃一頓像樣的辦桌菜。

不只是文化失傳，缺少多樣性帶來最明顯的衝擊便是市場口味單一化，少了店家特色的餐廳容易面臨同行搶客的困境，陷入削價競爭的惡性循環。當店家的品質無法維持，便會流失客群，被異國飲食文化吸收，這也是張師傅所不願意見到的市場現況。「要成為一位師傅需要十足的體力與耐心，希望入行的年輕人能夠堅持自己

張華九師傅任職來來大飯店期間，參與台北中華美食展與現場工作人員合影。

的初衷，認同自己的身分，將自己的根傳承下去。」

堅持原則 締造信任

現今有許多年輕人選擇出來創業，對此張華九師傅表示認同，同時也建議「年輕人有創意，勇於冒險是件好事，做菜可以天馬行空，但是原則千萬不能忘掉。」

張師傅認為「真正的好味道、老味道，就是沒有任何速成調料，客人吃起來才會感受到廚師的誠意和食材的真義。」因此，張師傅勉勵年輕人從食材源頭開始做起，挑選新鮮無毒的食材，與調配無添加人工化學物的醬料。「在謊言充斥的市場環境下，信任便是最好的口碑，也是文化傳承之外我想推廣的。」面對目前劣幣驅逐良幣的市場環境，張師傅希望能夠堅持品質再度建立消費者信任，共同打造雙贏局面。

許多食材選用和搭配的背後都有其目的與緣由，並非表面上的模仿就能達到相同的效果。「不是主流並不代表不入流，若為迎合客群而失去了自我特色，那才是真正的本末倒置，讓自己落入同質性高的紅海市場中。」除了打造品牌信任，最後張師傅也鼓勵年輕人堅持自我，不要因為市場一時的風潮，就放棄努力累積下來的寶貴成果。

張華九師傅榮獲台灣餐飲業廚師聯盟舉辦第一屆金廚獎。

一品烏參

精彩豐富的海洋寶船

一般而言，一桌完整的宴席至少要有一道高級海鮮料理，除了魚翅、鮑魚之外，海參也是種常見的食材。海參本身無味，口感柔軟，很適合搭配各種食材，而一品烏參便是海參料理中最為經典的一道。

由於海參本身幾乎沒有任何味道，因此包入海參的餡料便成了實質主角。張師傅表示，早年在餐館工作時，主要餡料多為雞鴨的內臟，吃起來既有飽足感，又可以充分使用到家禽的每一部分。隨著台灣經濟起飛，現今餡料則多以絞肉、蝦仁、火腿、冬菇等食材代替。

在泡發海參時，最需要注意的是油與鹽，由於海參含有高量的蛋白質，在接觸到熱油時便會迅速溶解，化成一攤水，而若海參在泡發過程中接觸到鹽，則會快速萎縮，導致無法順利膨脹至應有的大小。因此，如何將海參燜煮得鹹淡適中，膠質均勻且黏稠滑口，就是考驗廚師的一大功力。這道發揮食材的深度料理，除了海參的熬製，在調味、炒功及掌握蒸煮時間都是關鍵，才能成就一品烏參的甘甜美味，讓人回味無窮。

一品烏參

張華九師傅

材料

烏參（泡發）——— 5 條（約 600 公克）
豬絞肉 ——— 260 公克
蝦仁 ——— 90 公克
馬蹄 ——— 50 公克
沙拉筍 ——— 40 公克
香菇 ——— 60 公克
開陽（金勾蝦）——— 30 公克
薑末 ——— 25 公克
蒜末 ——— 20 公克
火腿 ——— 30 公克
青蔥 ——— 40 公克
薑片 ——— 20 公克
馬鈴薯泥球 ——— 5 球（約 60 公克）
青江菜 ——— 5 支
沙拉油 ——— 5 公克
太白粉 ——— 5 公克

內餡調味料

二號砂糖 ——— 1 公克
胡椒粉 ——— 0.5 公克
蠔油 ——— 4 公克
醬油 ——— 2 公克
香油 ——— 1 公克
米酒 ——— 3 公克
鹽 ——— 1 公克

醬汁調味料

二號砂糖 ——— 1 公克
胡椒粉 ——— 0.5 公克
蠔油 ——— 2 公克
醬油 ——— 2 公克
香油 ——— 1 公克
米酒 ——— 4 公克
蔥油 ——— 2 公克
鹽 ——— 1 公克

作法

01 香菇泡水，泡軟後去蒂，水擠掉，放上薑片加沙拉油，放入蒸籠蒸 20 分鐘。蒸好的香菇、沙拉筍、火腿、開陽切鬆（碎末）。馬蹄拍碎後切鬆。

02 淨鍋熱油，加入豬絞肉炒熟先起鍋。

03 熱鍋爆香薑末、蒜末、開陽鬆炒熟。

04 再加入香菇鬆、火腿鬆、筍鬆、開陽鬆拌炒。

05 加入炒過的豬絞肉，加入所有「內餡調味料」拌炒均勻。

06 起鍋後，加入馬蹄碎末、香油拌勻，冷卻後完成餡料備用。

07 將烏參洗乾淨後，與青蔥、薑片、米酒、醬油煨煮 10 分鐘。

08 取出烏參瀝乾湯汁將烏參內部水分擦乾，備用。

09 烏參內部抹上乾太白粉，將餡料填入烏參內。

10 包好餡料的烏參放入蒸籠蒸約 8 分鐘。

11 將馬鈴薯泥球、汆燙過的青江菜，與烏參一起擺盤。

12 另起鍋子，加入所有「醬汁調味料」後加水，再倒入煮烏參的湯汁，最後勾芡完成醬汁。

13 將煮好的醬汁淋在烏參上即可上菜。

名廚真功夫

* 泡發烏參時，鍋子不可有油和鹽，會影響烏參軟度。
* 煨煮烏參時要加入青蔥、薑片、米酒去除腥味，並煮到醬油入味、軟 Q 才好吃。
* 沾裹太白粉，能使餡料不易脫落。

5
6
7
8
9
11
12
13

國宴殿堂的操刀手

黃德忠

師傅

國宴主廚用心
成就每一道料理

有不少人都有廚師夢，然而能把「廚師」系統化管理經營的人卻不多。曾為前總統李登輝、陳水扁、馬英九，以及多位政界知名人士辦過國宴的黃德忠師傅，不僅是台灣數一數二的國宴達人，也是中華美食展的創始元老。除了擁有一手好廚藝，黃師傅也是一位精通倉儲管理與動線設計的管理者，曾先後任職於義美、統一、麥當勞等多家食品企業龍頭，建立完善的物流系統。不過，大多數人所認識的黃師傅並不仰賴這些資歷與頭銜，而是靠著一顆熱誠的心和平易近人的笑容，以贏得客戶信任展現廚師的價值。

✤北上尋夢的鄉下兒

「美援」一詞在許多四、五年級的長輩耳中並不陌生，對於在廚房長大的黃德忠師傅而言，政府為拓展國家基礎建設與技術開發而成立的農耕隊與工程隊，是童年記憶中最深刻的回憶。在黃師傅出生時，位於宜蘭縣三星鄉的黃氏一家並不富裕，當時夫妻倆才剛合力支撐起一個麵攤，生活正逐漸穩定。

在黃師傅小時候的記憶中，位處邊陲的三星鄉恰巧農耕隊、工兵隊等進駐，為原本寧靜的鄉間注入一股驚人的活力。「不只是餐廳，連飯店、酒家、電影院都接連開了起來，大家都搶著做這群人的生意。」父母經營麵攤的黃師傅自然也得在家裡幫忙，自九歲起，不只端菜、洗碗、收桌，還要處理殺雞、殺鴨等較為粗重的工活也得學習獨自完成。

每當提起這段往事，黃師傅的臉上總會浮現複雜的神情：「老實說我一開始不怎麼喜歡做菜，有時候是靠著自我鼓勵才慢慢找到熱情，走到現在。」

當時的三星鄉不僅迎來了經濟上的繁榮，黃師傅也開始對雪山山脈另一側的臺北市產生憧憬。「那時大伯的兒子在台北的餐廳當副主廚，便拜託他讓我過去跟著他兒子學習，想說自己學成後出來闖一闖，說不定還能找到一片新天地。」對於一位鄉下小孩來說，沒有比到大城市見見世面更興奮的了。因此，黃師傅在十六歲時便透過親戚介紹，來到當時以酒家菜為招牌的青葉餐廳，以此為出發點，踏上長達半世紀的餐飲生涯。

黃德忠師傅外燴時的工作樣貌。

勤奮刻苦　全憑一身熱情

回想起這段歷程，黃德忠師傅總是笑著說，剛抵達台北的自己就像劉姥姥進大觀園，放眼望去皆是未曾見過的奇景。除了市區的繁華熱鬧外，餐館酒樓的奇特佈置和變化豐富的菜餚，亦深深吸引著他的目光。「到了台北後真的讓我嚇了一跳，沒想到隔一個山頭就差那麼多！」不過，人生地不熟的陌生環境，對離鄉背井的黃師傅來說亦是一項艱苦的挑戰。

「我認為，做這行業最重要的便是熱情。」相較於在台北長大的同儕，黃師傅的反應雖然沒有那麼伶俐，但仍憑著一股熱忱與不計較的心態站穩學習的腳步。做學徒，在潮濕悶熱的廚房從早忙到晚是常態，而有的學徒會抱著得過且過的心態，將師傅的交辦事項草草了事。然而，黃師傅知道自己能來到台北靠的是許多人的成全，若沒有習得一身好功夫，糟蹋的不只是自己的時間，也愧對家鄉的父母。

因此，每當有其他學徒不願意接手的麻煩事時，黃師傅總是第一個站出來嘗試，縱使結果不一定能讓師傅感到滿意，負責任的態度也能獲得師傅的肯定。在數年的努力下，二十四歲的黃師傅已踏遍台北多數的知名餐館，成為獨當一面的主廚，不僅對南北各大菜系皆有一定程度的把握，也能因應客戶需求，將豐富的料理經驗轉變成美味可口的新創菜餚。而後，黃師傅憑藉著豐富的經歷及多樣化的學習，除了延續傳統台菜與酒家菜之外，也融合各個菜系，做出屬於自己的特色料理。

✤踏上殿堂化身國宴操刀手

談起與國宴之間的機緣，黃德忠師傅在偶然的時機下，經友人介紹認識了先總統蔣經國時期的機要室主任王家驊。在王家驊的推薦下，黃師傅從前總統李登輝的大宴開始做起，有了許多在國際宴會場合服務的機會。

相較於一般飯店或酒館，國宴的水準要求高出許多，除了最基本的衛生要求外，外賓的飲食禁忌與食材的選擇皆須謹慎考慮。「我通常會開一張菜單給他們挑選，同時確認有哪些需求或偏好。」

徵詢意見之外，黃師傅也會依賓客的背景準備菜餚。「以蔣家為例，我會以江浙菜和上海菜為主軸，甜點部分則會選擇國外的西點作為基底，搭配上一些巧思變化；若是陳水扁總統與其幕僚的話，則會選擇虱目魚、碗粿和米糕或其他南部特有的料理。」

除了滿足賓客的味蕾，黃師傅也會以當季食材與台灣特有農產蔬果，料理出富有台灣在地特色的佳餚，讓來自國外的貴賓在享受餐點之餘，能對台灣這塊寶島留下獨特的美好回憶。此外，尊重賓客的隱私也是國宴師傅所需注意的一項規定。「在國宴當廚師，不僅要有禮貌、盡守本分，最重要的便是顧及客人的隱私。宴場內部的談話用耳朵聽就好，不能把聽到的內容張揚出去。」

除此之外，黃師傅平時也經常包辦政府官員所主持的大宴，這類宴席考驗的不只是師傅個人的手藝，同時也是廚房團隊的壓力測試。黃師傅表示，許多人以為只要懂得做菜就稱得上是一位好廚師，但真正的好廚師所需要的，不僅是一身的好廚藝，還要能帶領好屬下、管理好廚房，讓每一次的服務皆能滿足賓客的需求。

✤ 貼心服務打造尊榮禮遇

關於團隊的經營，黃德忠師傅有一套自己的理論：「你必須要讓宴會上的每一位賓客感受到自己被平等地對待，同等地受到服務團隊的重視。」言下之意，料理美味只是用餐體驗的其中一項因素，品質維持和料理出餐速度也十分重要。為了保證宴會的每一位賓客都能享用到相同品質的料理，黃師傅可是在倉儲管理與動線設計下了十足的功夫。

「以冰庫為例，一般人可能只會將冰庫分為冷凍和冷藏兩層使用，但我在管理時還會將不同種類的食材依照顏色劃分，放入不同間冰庫以避免搞混。」為了將宴會所需的食材系統化地整理，細心的黃師傅不僅將食材詳細分類，還將每一批食材標上品項、重量與日期等標籤，除了確保在第一時間取出正確無誤的食材，減少時間與電源上的消耗外，也能避免部分食材因存放過久而超過保存期限，導致不必要的浪費。

此外，每道料理的出餐速度、每桌上餐的時間差也會影響到賓客的用餐體驗。為了每一道料理的出餐間隔時間一致，每一桌的賓客皆能在相同的時間享用到同一道料理，時間計算精確與運用保溫盒皆是黃師傅多次包辦經驗下所建構出的巧思。「有時候客人需要的並不是料理多好吃多豐富，而是一種被尊重、受到重視的感覺。只要在這種小細節上多用點心，整場宴會便可說是成功了一半。」

黃德忠師傅於宜蘭縣養鴨生產合作社舉辦鴨鄉鴨香系列活動。

黃德忠師傅參加世界廚房爭霸賽。

黃德忠師傅參加觀光局美食展參展比賽榮獲獎牌。

✤系統化經營　成就百年大業

對於傳承經驗、技術給下一代，黃師傅也稍有些心得：「尋找人才進行教育、訓練、管理，都是一大門學問，廚技方面可說是要完全靠自己著墨，另外，食材管理機制的建立也是現代社會上一項重要的技術。」

黃師傅認為，系統化的管理模式是現今餐飲業者必學的項目。「一開始的經營規模小，整理起來相對容易，可以憑著人力解決許多問題；一旦規模擴大後，人力所能克服的障礙便會變得十分有限。要是沒有建立起一套適當的管理系統，便難以支撐起持續擴大的架構。」也正好是這套經營理念，讓黃師傅得以跨足食品管理與物流經營，在餐飲界的各方面皆能有所發展。

在事業之外，黃師傅亦時常參與工會活動和跨國交流。擔任世界中餐聯盟中餐主席的黃師傅經常往返於世界各國，曾到上海、江蘇、新加坡等大城市協助當地舉辦廚房爭霸賽，在教導晚輩的同時將這套理念推行出去。

「十年樹木，百年樹人，我想留給後代的不只是料理食譜和做菜技巧，而是一套能讓個人餐飲事業長久經營的觀念與理念。」同時亦引述了同業友人的教育方針：「有一位做中餐的朋友，把將來要承接衣缽的小孩送到西方的餐飲學校去學習，大家都很納悶為何他不親自教導。等小孩回國接手後，大家才發現西方的管理技巧竟然如此重要。」

黃德忠師傅榮獲 FDA 優良廚師金帽獎頒獎。

✤ 善用文化優勢 再創新成果

儘管黃德忠師傅目前已有七十餘歲，仍抱持著身先士卒的信念，只要身體狀況允許，便會繼續站在廚房的第一線，將自身的廚藝與管理技巧透過現場實作傳授給後輩們。面對現今的市場環境，黃師傅直言台灣仍有許多優勢。「世界各地皆有華僑，其中也有許多人對於自己的『根』感到興趣，甚至想學習故鄉的料理。」在協助各地的比賽之餘，黃師傅也經常來往於海外各國，教導當地的華人製作傳統的中華料理。

國際化、與國際接軌是許多人認為往海外發展的必要條件，但談到具體行動時卻不一定能提出確切的方法。黃師傅認為，除了語言溝通的準備，學習國際標準也是一項重大的必要功課。「出了國，首先要講求的是共通性，當你講的語言和別人共通時，別人才能理解你表達的意思；同樣的，標準和對方一致時，雙方才能在共通的認知下去行動。」

對於後進的新人，黃師傅總會鼓勵其不畏恐懼，往海外學習發展。或許台灣當今的硬實力已不復以往，但軟實力依舊存在，只要願意吃苦耐勞，勇於嘗試，一定能有所成就。

黃德忠師傅於中華美食展活動合影。

魷魚螺肉蒜

廣為流傳的酒家經典菜餚

這道以魷魚、螺肉、蒜苗為主角的火鍋料理是早期臺灣的酒家料理的經典老菜。這道菜中使用的魷魚為乾貨，螺肉則是罐頭食品，由於材料本身並不昂貴，所以許多人皆吃得起，可以說是上一代長輩對於酒家菜的重要回憶。

早年酒家文化遍佈全台灣各地，除了大稻埕、艋舺一帶酒家林立，連鄉下地區都設有酒家。每當大伙工作結束後，便會帶著一天的辛勞與報酬一同上酒家。當時的酒家料理分成多種價位，老闆則會根據客人的經濟能力準備相應的菜色。除此之外，有時客人也會自備食材交給老闆料理，而魷魚螺肉蒜便是如此誕生的一道料理。

黃師傅表示，這道菜的製作關鍵在於泡發乾魷魚時是否掌握得當，時間過短會導致魷魚過於乾硬，時間太長則會導致魷魚過於軟爛。此外，湯底的準備也是其中一項可以看出師傅功力的地方，魷魚螺肉蒜性質類似於火鍋，若是只用蔬菜作為湯底則會顯得太薄，所以必須以排骨或梅花肉增加湯底的扎實感。

魷魚螺肉蒜

黃德忠師傅

材料

乾魷魚（泡軟）——— 180 公克
豬軟骨排 ——— 300 公克
豬肚 ——— 200 公克
螺肉罐頭（含湯汁）——— 350 公克
乾香菇（泡水）——— 100 公克
芹菜 ——— 120 公克
竹筍 ——— 80 公克
蒜頭 ——— 80 公克
青蒜白 ——— 160 公克
青蒜青 ——— 80 公克
青蔥白 ——— 20 公克
菜心 ——— 300 公克
清水 ——— 2000 毫升

調味料

雞粉 ——— 2 公克
鹽 ——— 2 公克
二號砂糖 ——— 1 公克
胡椒粉 ——— 1 公克
米酒 ——— 5 公克

作法

01 青蒜白、青蒜青、青蔥白、芹菜、菜心切段；竹筍、香菇切片，備用。

02 豬軟骨排剁塊、汆燙過後清洗乾淨，放入鍋中加水，慢火煮 30 分鐘後，留下排骨湯備用。

03 豬肚汆燙熟後切片。

04 菜心段過水汆燙。

05 乾魷魚泡軟後，劃剞刀，再切成 2 公分條狀。

06 熱油鍋將蒜頭、青蒜白段、青蒜青段、青蔥白段、香菇片各別過油。

07 魷魚條、豬肚片各別過油。

08 將上述所有材料排入湯鍋中，食材中央放上螺肉。

09 將排骨湯加入螺肉罐頭的湯汁，然後以雞粉、鹽、二號砂糖、胡椒粉、米酒調味，煮滾。

10 最後將湯汁倒入湯鍋中，加熱即可上桌。

名廚真功夫

＊蒜頭、蔥段先過油，可以增添香氣。
＊各家螺肉罐頭的味道不同，請挑選符合自身口味的來料理。
＊青蒜不宜煮太久，會變黃影響色澤，建議煮好後盡快食用。

3
4
5
6
7
8
9
10

國寶級總鋪師的傳人

林明燦師傅

堅持手法的古早風味

蒸籠不斷冒出的熱氣、不絕於耳的切菜聲、師傅熟練地撈起炸好的食物，這樣的場景在林明燦師傅家已經傳承了三代，阿公傳給父親林添盛再傳林明燦師傅，至少超過一百年的好手藝代代相傳迄今。一開始從洗碗、打桌、切菜、顧蒸籠等基本功做起，長達四十多年的辦桌歲月，曾掌廚著名的「十二生肖宴」，受邀於國際美食大展顯露身手，人稱「阿燦師」的林明燦師傅。

阿燦師擅長各式外燴宴席，一生中已辦超過兩萬場以上的宴席，最高紀錄曾辦過一場超過二百四十桌大型企業尾牙，並與父親林添盛一起負責赫赫有名的天子宴。阿燦師堅持菜色一定要是古早味，讓現代年輕人也能嚐一嚐經典菜色的好滋味！

✤淬煉下的一身絕技

人氣賣座的國片電影《總舖師》，令人印象深刻的開場第一幕，一位總鋪師帶著菜刀和鍋鏟等烹飪的廚具，與小徒弟行走在鄉村的小路上，頻頻叮囑身邊小徒弟該有的禮節和注意事項，二人邊說邊趕往隔壁村莊，準備籌備婚宴辦桌。這幕場景就如同阿燦師與父親林添盛一起工作的情形。從前的辦桌宴席和現在不一樣，因為物資缺乏，受邀的客人得要自備碗筷、桌椅，從一個村莊移動到另一個村莊，不像現在只要人到就好。

阿燦師的父親林添盛素有「台灣辦桌活字典」之稱，十幾歲跟在父親身邊、經歷四十多年辦桌經驗的阿燦師，信手拈來，身上總有說不完的飲食傳奇故事，電影《總舖師》的導演陳玉勳，拍片當時還專程來向阿燦師請益，阿燦師便饒富興味地訴說起父親過往的精彩故事。出生於一九三四年的林添盛，由於家境清苦，十二歲就被送去拜師學習廚藝。同期的人有四十多人，唯獨只有林添盛得到祖師爺的真傳出師。出師之後第一次掌廚，由於年紀小、個頭不高，只好拿著椅子墊腳才能洗鍋、煮菜，客人們看到小孩子當師傅，就開玩笑的稱呼他「囝仔師」。

林添盛常對兒子阿燦師說：「辦桌最重要的不只是做菜，是了解各種典故。」他就像一本活字典，非常了解台灣各種辦桌的規矩、禁忌和風俗民情，最高紀錄曾經一個月承接三千多桌的辦桌，迄今沒有人打破這項紀錄，被尊稱為「國寶級辦桌大人物」及「台灣辦桌祖師爺」實至名歸！

林明燦師傅（前）童年時期與兄長（後）於南港中南街合影。

林明燦師傅於民國七〇年松山婚宴場地與工作同仁合影。

✤總鋪師之路：左手拿鍋鏟，右手拿菜刀

人聲鼎沸、熱鬧的招呼聲，不論是廟口、路邊或在自家門口搭棚，大紅色的木材圓桌上呈上的不只是新鮮豐富的菜餚，更是承載著滿滿的人情味與溫度。以前台灣盛極一時的「辦桌」文化，大約在一九七〇年代興起，到了一九八〇年代大放異彩，而阿燦師就是在那個鼎盛時期，循著爺爺和父親的步伐，左手拿著鍋鏟，右手拿著菜刀，一步步地走向辦桌之路。

早期，阿燦師的阿公平時在南港推推車賣湯圓，有人要宴客就會找阿公來當大廚，阿公帶著鍋鏟和刀具就到主人家，上演一場色香味俱全的大秀。後來父親也傳承了這項技藝，只要左鄰右舍，甚至是隔壁村莊的主人喊一聲，林家大廚整裝出發，拿著「家私」就出門了。

一般人叫外燴大多是為了酬神，當時的總舖師便烹煮主人準備好的食材，碗盤及椅子由客人自備。富裕人家會包個二百元的紅包給總舖師，但大部分都是以半隻雞、豬肉或紅龜粿回贈總舖師。直到民國五十五年經濟起飛，社會風氣改變，才改為婚宴一桌約一千五百元，菜錢與桌錢全包給師傅。

從小就在大圓桌間奔跑長大的阿燦師，國中起就開始幫忙家中辦桌的大小事，像洗菜、端菜、打桌、搭棚等基本功，就是在當時打下的基礎。「因為喜歡玩，又喜歡吃，週末不用上學就跑去父親身邊幫忙。」阿燦師想起這段回憶，嘴角還帶著笑容。以前辦桌時，主人不但會把剩餘的料理給客人打包帶回家，還會把菜尾飯加熱一下，請總舖師、水腳和阿姨等工作人員享用，這是一種人情禮俗，也是台灣獨特的人情味，這些場景在阿燦師心中留下永難忘懷的溫暖回憶！

林明燦師傅於民國73年新莊婚宴場地，與後來發行專輯《草地狀元》的澎恰恰合影。

✤十年磨一劍的苦練勤學

阿燦師十七歲先是到機車行上班，後來當兵三年退伍之後，到五星級飯店當了九個月的學徒，原本相當喜愛這份工作，但父親車禍受傷小腿開放性骨折，行動不便的他急需人手幫忙，阿燦師便回家幫忙辦桌事業。雖說是回家接掌父親的衣缽，但嚴格話不多的父親經常掛在嘴邊的一句話就是：「看一次就要記到死！」於是他只好一切歸零，重新學習，跟在父親身邊，從洗菜、端菜、切菜、顧蒸籠開始做起，經過二千多個日子，將近六年的時間，阿燦師才真正拿起菜刀，但仍沒有任何掌廚的機會，因為在林添盛師傅心中，還沒認可他是一位總舖師。

於是阿燦師繼續磨練，直到三十六歲才正式掌廚，在此之前他跟在許多師傅身邊觀摩學習，有時不免還要用上一些特殊的「方法」，如阿燦師做好菜會請別人來試吃看看，故意稱他吃不準味道如何，懇請前輩幫忙嚐味道、惠賜意見。阿燦師以這種間接方式，慢慢地獲得許多烹調技巧，使訣竅通透，工序也了然於心。他笑說：「有時候我爸在煮菜，當他發現我在旁邊看，他就會故意把動作放慢，讓我看仔細，可以學起來。」所以阿燦師認為每個想要踏上總鋪師一途的年輕人，一定得：「多看、多學、用心記。」

辦桌業是靠天吃飯的行業，淡旺季的業績差很多，由於台灣是副熱帶氣候，夏季實在太悶熱，於是包桌外燴的旺季都在春秋季。阿燦師說曾經有工作人員在爐火邊熱到昏倒，甚至有一次喪宴遇到颱風天，強風吹倒帆布，差點壓到棺木和宴桌，於是家屬急忙處理，好不容易才借到活動中心順利進行。因為在戶外舉辦，各式各樣的

與林明燦師傅共同奮鬥的大姊們。

突發狀況經常發生，總鋪師還得臨場應變，化解大大小小的危機。

肩負三代技藝傳承的阿燦師說，從少年十幾歲開始，在辦桌的場子幫忙，直到又過了十幾年，掌廚的技藝真正獲得父親的認可，他才算是正式接下家族事業，一肩挑起總鋪師的名號。

✤傳說中神明的宴會：十二生肖宴

阿燦師四十多年來的辦桌經驗，隨口一說就有許多嘖嘖稱奇的飲食故事，傳說中的「十二生肖宴」，他躬逢其盛，不論是天子宴、齋醮宴、普渡宴還是闔家宴，都有各自的飲食風情與文化寓意。

十二生肖宴包括：天子宴（鼠宴）、齋醮宴（牛宴）、普渡宴

（虎宴）、新居宴（兔宴）、結婚宴（龍宴）、歸寧宴（蛇宴）、滿月宴（馬宴）、生日宴（羊宴）、祈福宴（猴宴）、尾牙宴（雞宴）、闔家宴（狗宴）、來生宴（豬宴）。從出生到往生，辦桌有一定的典故規矩，如果是結婚宴就一定要吃「四季圓」，這四圓就是芋圓、米圓、番薯圓、樹薯圓，有花好月圓的意思。喪宴（來生宴）一定要吃「冬菜鵝肉」，意喻人往生之後要像天鵝般飛向天空，靈魂解脫自由自在。至於尾牙宴一定要把整隻雞去骨，再把八寶料填進去，表示金銀財寶入袋，這道菜就要「布袋乾坤」。

鼠是十二生肖之首，而天子宴又稱鼠宴，是十二生肖宴中唯一供奉神祇的宴席，必須得經過神明同意才能舉行，有幸參加天子宴席的人如果生肖屬鼠，就會一步登天，一舉成名。

林明燦之父：林添盛於民國68年與辦桌菜餚合影。

天子宴是由玉皇大帝邀宴五穀先帝，當天共宴請了三十尊神明。因為宴請的是神明，烹煮的過程中千萬不能試吃鹹淡，否則會有不好的事發生。阿燦師笑說曾經有個小胖師傅很鐵齒，烹煮過程中試吃一口，後來休假時一直拉肚子，連出國旅遊也耽誤了。

另外，參加天子宴籌備的工作人員有許多規定：

一、廚務人員三天前需要淨身，要禁慾。

二、女性工作人員有月事不能參與。

三、盛裝菜餚的鍋碗瓢盆都必須是新的。

四、每十五分鐘上一道菜，須跟著獻酒。

台灣二百多年來唯一的一場天子宴，於民國八十七年在二重五穀仙廟宴請眾神，當時就是由阿燦師的父親林添盛掌廚，父子聯手讓古早的「十二生肖宴」重現。阿燦師回想起當時上菜給神明就上了六次、每次上六道菜，長達八小時才結束這場宴席。壓軸好菜是「五福齊全」，以豬公及五臟宴神，由於神明吃過後的菜餚沒了甜鹹味，民眾想吃就必須重新調味才行。當時阿燦師的老婆嘗試喝了一口敬神之後的酒，居然就跟白開水一樣，毫無酒精的味道，夫妻兩人嘖嘖稱奇。

餐桌上的澎湃佳餚，有龍蝦、魚翅、燕窩、烤乳豬等，食材頂級豪華，每端上一道菜，就得遵循古禮進行，信徒得邊唸祭辭邊依古禮走路，端菜前進，上佳餚後還得隆重獻酒，然後向神明獻舞。這場遵循古禮的天子宴，不但佈置講究，上菜禮儀隆重，花費更高達一百五十萬。百年難得一見的文化禮俗，讓所有人大開眼界，瞧一瞧古代鮮少曝光的天子祀酒宴到底是怎麼回事！

林明燦師傅準備婚宴菜餚專注情形。

✤一生使命 傳承古早味

從前辦桌的原因很多，包括酬神、婚喪喜慶、滿月和入厝等等，阿燦師回憶起最忙的時候，曾經一天趕好幾攤，凌晨三點半去龍潭、七點到八德、中午在桃園、晚上回到台北最後一場。連續趕場必須有好體力，尤其是農曆七月普渡大拜拜的時候，基隆河畔的工廠幾乎輪流舉辦流水席，從十五號開始天天排隊辦桌，一天兩三場更是家常便飯。

但自從二十多年前飯店宴席興起，以及近十年婚宴廣場如雨後春筍般冒出來，婚宴市場這塊大餅越來越多人分食。加上都市化、蓋大樓，空曠的場地越來越難找，辦桌文化逐漸式微沒落，往日熱鬧喧嘩的古早滋味只能在記憶裡回味。

看見大環境的改變，於是阿燦師興起傳承古早味的念頭，開始對外授業開班，讓有意願的人來學習。學生跟在他旁邊實習辦桌的規矩與禮俗，阿燦師也不藏私、傾囊教授，他看到這些年輕學子願意學習正統的飲食文化技藝，甚至還有人用攝影機拍攝下來，這讓他頗感欣慰，不用擔心辦桌文化失傳，後繼無人，並相信台灣在地古早味能持續傳承下去！

林明燦師傅工作時的樣貌。

林明燦師傅於民國78年舊莊老家舉辦記者會的個人獨照。

河鰻老油條

堅持傳統古早味的自創老菜

河鰻老油條又名富貴紅燒鰻，是現在很難得吃到的古早味，目前阿燦師只會在大型辦桌宴上準備這道佳餚。這道菜中的老油條有祈福銀髮族身強體健的寓意，並且能像鰻魚一樣活力十足。鰻魚自古就是食補聖品，可以補虛養血，是一道帶來健康、長壽的古早味手路菜。

阿燦師提到四十多年前，鰻魚一般的作法只有蒲燒鰻、烤鰻、燉鰻等，於是他自己研發出新作，把鰻魚丟進油鍋油炸，以鳳梨罐頭的湯汁熬煮成醬汁之後，加上大把大把的香菜打底，最後把炸到香酥的鰻魚、油條鋪放在上面，最後淋上酸酸甜甜的醬汁。

河鰻老油條雖然作法繁複，但吃起來是別有一番風味，肉質細緻的鰻魚與酸甜開胃的醬汁，吃來風味相當濃郁；配上吸取香菜氣味的老油條，雖然經過油炸卻顯得清新可口。這樣創新的作法當時還引起一陣騷動，客人非常訝異鰻魚還有這樣特別的料理方式，色香味俱全，讚賞聲不絕於耳，於是這道菜就一直沿用迄今。

河鰻老油條

林明燦師傅

材料

白鰻魚肉片（清肉）——— 480公克
油條段 ——— 80公克
香菜段 ——— 150公克
小番茄（切半）——— 55公克
蒜片 ——— 15公克
蔥段 ——— 65公克
辣椒片 ——— 15公克
蔥花 ——— 30公克
豬油（或沙拉油）——— 10公克
地瓜粉 ——— 3公克
太白粉 ——— 1公克
高湯 ——— 300毫升

調味料

白胡椒粉 —— 1公克
鹽 ——— 1公克
二號砂糖 ——— 10公克
白醋 ——— 10公克
米酒 ——— 2公克
鳳梨片 ——— 20公克
鳳梨汁 ——— 30公克
番茄醬 ——— 10公克
醬油 ——— 10公克

醃料

蔥段 ——— 10公克
蒜末 ——— 15公克
薑末 ——— 5公克
辣椒末 ——— 4公克
白胡椒粉 ——— 1公克
鹽 ——— 2公克
米酒 ——— 5公克
雞蛋 ——— 1顆
麵粉 ——— 20公克

作法

01 將鰻魚肉去骨後，於肉身上劃剞刀再分切成三段。

02 將鰻魚肉放入鍋中，加入所有醃料，以手抓均勻後，醃漬約半小時。

03 起鍋倒入豬油，爆香蔥段、蒜片、辣椒片後倒入高湯，加入白胡椒粉、鹽、二號砂糖、白醋、番茄醬、醬油調味，再加入鳳梨片、鳳梨汁煮約半小時後，將食材撈起。

04 湯汁加入小番茄片、蔥花後勾芡，最後加入米酒，完成醬汁備用。

05 以地瓜粉 3 公克、太白粉 1 公克的比例將兩種粉混合均勻後，把醃好的鰻魚肉片兩面沾粉。

06 起油鍋，將鰻魚肉片炸至酥脆後撈起。

07 將鰻魚肉片切約兩公分塊狀。

08 油條段入油鍋炸酥，撈起瀝油。

09 將香菜段盛放盤中央，圍上炸酥的油條段，再將鰻魚肉片排放在香菜上，最後淋上醬汁。

名廚真功夫

* 鰻魚肉片沾粉時，可以加入麵粉約 0.5 公克，增加香脆口感。
* 裹粉時要雙手壓實，粉才不會脫落。
* 淋醬汁時份量不宜太少，不然鋪底的香菜不熟會影響口感。
* 地瓜粉與太白粉混合使用的作法稱之為「兩光粉」。

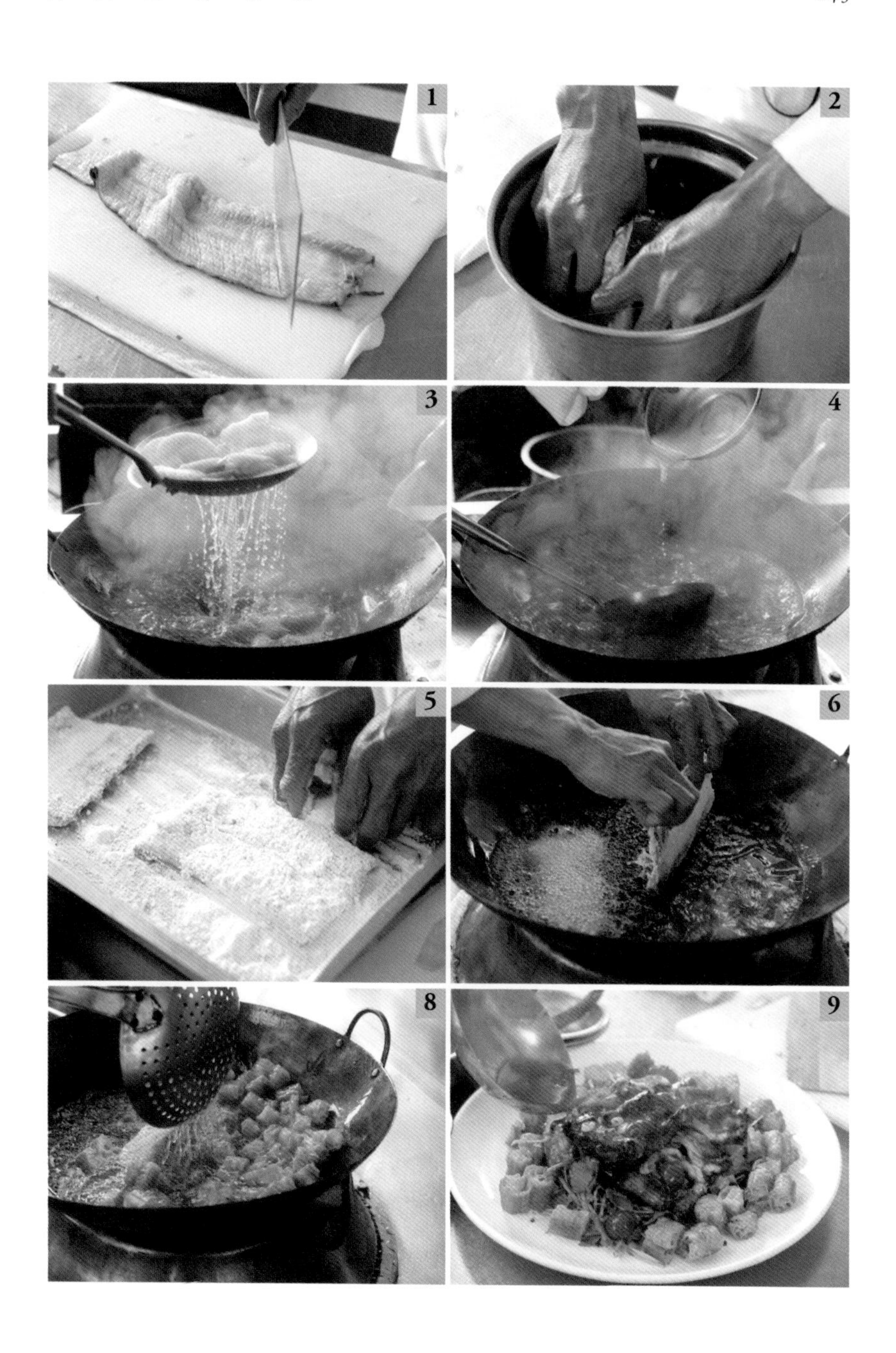
1
2
3
4
5
6
8
9

青青餐廳

台灣味的掌舵手

施建發

師傅

引領辦桌文化的總舖師

作為知名電影《飲食男女》與《總舖師》餐飲顧問，被譽為台灣廚神的「阿發師」——施建發師傅可說是台灣辦桌文化的集大成。曾擔任中華美食交流協會理事長一職的施建發師傅，不僅是歷屆台灣美食展的召集人，也是多家知名餐廳的負責人和數十本暢銷食譜的作者。但對於餐飲世家出身的施師傅來說，至今為止最滿意的，並非上述個人成就，而是傳承台灣特有的美食文化，將辦桌文化和小吃文化帶上國際，讓世界認識台灣獨具特色的飲食文化。

✤ 承先啟後的第三代

自施家於鹿港發跡以來，到了施建發師傅已經是第三代。在物資匱乏的年代，施師傅的祖父靠著挑扁擔、販賣小吃開啟了施家的餐飲家族史，傳承祖父衣缽的父親幾度輾轉後亦從路邊攤做起，踏上與祖父相同的道路。在施師傅的回憶中，經營小吃店的父親總是十分忙碌，天剛亮便要到市場挑選批發新進的食材，回到店後又要花時間備料，不只沒有假日可以陪伴家人，連休息時間也是十分寶貴。

「我啊……小時候特別頑皮又不愛讀書，正好適合幫家裡顧店。」排行老么的施師傅認為自己不是讀書的料，家中的經濟狀況也不樂觀，尤其父親一度轉行開紡織工廠，卻受到中美斷交影響而破產。因此早熟的施師傅便決定放棄學業，到餐廳當學徒以減輕家裡經濟負擔。「雖然父親總愛唸我不讀書，但當我說要去餐廳當學徒後，他仍勸我再多想幾次，因為這條道路走起來真的很辛苦。」

不過，十四歲的施師傅仍在父親介紹下，進到一家日式餐廳，開始了餐飲的道路。學徒的生活並不輕鬆，但施師傅從沒抱怨過，而是靠著從小在自家餐廳幫忙的經驗，讓自己快速進入狀況。施師傅表示，剛進入職場時恰巧碰到老闆出國，前面三天都在洗碗中度過，直到老闆回國後發現友人託付的兒子被當成洗碗工，才開始碰觸到料理台。「那位老闆對我很好，在短短十一個月內便把燒肉、生魚片、飯糰、玉子燒等，各種日式料理的製作方法教給了我，幫我打下了十足的基本功。」

民國 87 年交通部觀光局紐約美食節與美食總監林慧懿、導演李安合照。

施師傅回憶道，自己在餐飲業的成長歷程中，三位最重要的導師便是師傅、客人與同行的朋友。師傅是入行時首先碰到的領門人，同時也是技藝的傳授者，因此當學徒時一定要用心打好基本功，師傅感受到學習的誠意，才會願意將畢生所學交給你；客人是市場的反映者，同時也是給予機會的恩人，不僅能點出自身看不見的盲點，有時更是職涯的牽線人；同業之間的切磋是精進廚藝的最大動力，多虧這些交流，才能找到屬於這塊島嶼特有的味道，如「台灣味三寶」。

「台灣味有三寶：搭配老薑的麻油、經豬油炒過的紅蔥頭、使用老母雞油所製成的炸蒜頭。」這是施師傅在多年交流中所得到的結論，也是他在台灣料理時常用到的元素。由於台灣獨特的時空背景，這塊島嶼同時承襲了中國八大菜系的精華，不過其中仍有部分特色，只有在台灣才看的到。

Evergreen

每一次準備美食展時，施師傅總會把握機會與來自各家餐廳的廚師交流，試圖從大熔爐中尋找出獨一無二的元素。對施師傅來說，這不僅是為了凸顯台灣菜色的特別之處，也是為了打響台灣在國際上的知名度。「你不是每次都有足夠的時間向國外嘉賓解釋台灣菜的特別之處，因此對推廣來說，建立指標或代表物十分重要。」就如同提到花椒，一般人便會聯想到四川菜；提到孜然，便會聯想到新疆菜，施師傅也一直在嘗試確立台灣菜大眾認同的指標或代表。

✤ 獨樹一幟的台灣味

一九八九年，中華美食交流協會的成立對於施師傅來說，是人生重大的轉捩點。為了回應日本的酒家菜文化，施師傅的父親施性賢號召台灣各地的餐飲業者，積極將原本各自發展的餐廳凝聚起來，成立

「中華美食交流協會」。這項創舉不只是為了提升台灣的美食文化，也是為了尋找台灣菜系獨有的味道與特色，同時讓大眾認知到，融合中國八大菜系與和食文化的台灣菜，是如何吸取各方精華，發展出得以自成一格的飲食文化。身為創辦人之子的施師傅，在父親的影響下也加入此交流平台，期望藉由與同行切磋讓廚藝能更上一層樓。

同一時期，施師傅因緣際會下參與了國際知名導演李安的電影《飲食男女》的拍攝製作，在擔任餐飲顧問的同時，也飾演劇中男主角做菜場面時的「手」。施師傅精湛的手藝不僅使他一炮而紅，片中將近七十道料理皆出他之手，此消息造成一陣轟動，誰也想不到年僅二十多歲的施師傅，竟然已有能力獨自包辦一整桌的辦桌菜，且精緻程度甚至不亞於飯店大廚之手。「參與《飲食男女》的拍攝替我帶來了不少知名度與邀約，但我覺得受益最深的部分，莫

全家福，一同在台灣餐飲界奮鬥。左起施建發師傅、長子施捷文、
妻子陳美玲、長女施捷宜、次子施捷夫。

過於跟隨李安導演一同到法國南部參加坎城影展，這趟旅程讓我有了國際觀，從此大開眼界。」

在坎城影展的酒會表演上，施師傅注意到有許多外國人分不清楚中國菜與台灣菜的差異，這使他驚覺交流的重要性。「做得好只是成功的其中一項要素，要是別人沒機會認識你，那他更不可能知道你的好在哪。」這趟旅程不僅打開了施師傅的視野，也讓他把願景從台灣放大到國際，立志將台灣菜推廣到全世界，讓全球各地的人都有機會認識台灣特有的辦桌和小吃文化。

✤ 出走國際　名揚四海

「當時跟著嚴長壽，在觀光局的協助下前後到了紐約、新加坡、馬來西亞、東京、大阪、北京、南京等地方，一站站的將我們的辦桌和小吃文化推廣出去，讓國際知道台灣這塊寶島，不只孕育上好的食材，也蘊藏豐富的調味料。」回憶起這段往事時，施師傅露出得意的笑容，這不只是要昭告天下，更是讓台灣的下一代知道，我們是擁有這份驕傲的。

施師傅直言，其實推廣台灣菜這段路走得相當不易。過往許多台灣的廚師僅是將自己熟悉的菜餚重現於餐桌上，而這只是台灣菜的一小部分，並無法將台灣菜的特色與面貌完整展現於國際舞台。由於台灣地處交通要道，先後經歷不同政權的殖民文化，伴隨不同文化所傳入的家鄉料理，這些料理之間也彼此互相影響融合，產生出不同於發源地的特色。因此，除了口感或味道的改變，台灣菜也包含了傳承與融合的精神。

與父親、同時也是中華美食交流協會創會理事長的施性賢師傅的合照。

令施師傅印象最深刻的，便是在北京的千人宴上，一位在復旦大學任教的教授突然出現在廚房，急著向師傅詢問佛跳牆的製作食材與流程。「他一闖進來便開始問：『這佛跳牆是誰煮的？我以前寫過論文只有寫到二十六種佛跳牆的味道，如今我竟然嚐到了第二十七種，這項發現我一定要補在論文上。』」這段插曲不僅成了令人難忘的回憶，也讓施師傅在推廣台灣菜上多了一份信心。

✤ 共同打造寶島年菜全席

在國際間的推廣活動外，施師傅在國內宣傳也下了許多努力。「記得在二十年前，統一企業找了我和許多位鼎鼎大名的師傅一起做冷凍年菜，那時還只有冷凍包裝的技術，當時的每一包年菜都是由師傅手工製作完成後才放入包裝冷凍。」其中佛跳牆這道菜更是由十八位師傅聯手打造，花費整整十五天的時間醞釀而成。這一鍋鍋的佛跳牆是師傅們的心血結晶，也是乘載著濃厚台灣特色的佳餚，經快遞送往全台的家家戶戶，不僅打響了佛跳牆在台灣的知名度，還讓更多人品嚐到台灣味的佛跳牆。

「當時訂單多到做不完，從原本的八千套一路加到一萬三，最後因為食材準備來不及才沒有繼續增加。」除了感謝統一企業與一同努力過來的夥伴，施師傅對於這項里程碑更是感到自豪。因為有了這一次的合作，許多國內民眾得以認識集大成的台灣特色年菜，更有許多同業廠商在目睹此一盛景後開始爭相效仿，將這份台灣獨有的味道發揚光大。

父親施性賢師傅生日宴會，三代同堂合照。

施建發師傅於民國 87 年參與電視節目「超級大贏家」錄製。

✤善用優勢 突破時代迷思

談及下一代時，施師傅以過來人表示，他認為餐飲這條道路並不輕鬆，「我是因為不想讀書才去學做餐飲，陪伴家人的時間也不固定。」然而，施師傅的女兒施捷宜也選擇了這條路。

施師傅沒想到從小幫他做筆記，協助將食譜文字記錄的女兒，竟然也決定走上餐飲這條道路，施師傅的內心相當驚訝，不過也支持女兒的選擇。俗話說：「虎父無犬子。」施捷宜以優異成績畢業，參加全國技能競賽亦於西點製作組獲得金牌，展現出不遜於施師傅的料理天分與毅力。

如今女兒已經是獨當一面的甜點師傅，不只曾於世界甜點聯盟青年錦標賽榮獲第五名，亦持有多張法國廚藝證照，施師傅笑著表示：「她身上有許多我所不會的技藝，有時碰到陌生的料理知識，還得向她請教！」說到女兒，師傅臉上更柔和了。觸及餐飲這個共同點，不僅拉近了父女倆的感情，兩人亦多次同心協力，於國際場合將台灣美食推廣出去。

對於新世代的發展，施師傅表示：「創新固然十分重要，但傳承前人的心血結晶與培養基本功也不可忽略，因為所有的創新皆來自於既有事物的改良與改變。」施師傅深知年輕人所面臨的現狀與挑戰，瞬息萬變的環境容易使人感到不安，雜亂無章的爆炸資訊，形成一種無所適從的無力感。

「我認為年輕人需要學會善用自己的優勢與特色，而台灣菜與台灣味就是兩大優勢。」除了鼓勵年輕人多認識台灣飲食文化外，施師傅也樂於和餐飲學生或年輕廚師交流分享。「這不只是一種單方向的傳承，我在將前人的智慧傳授給他們的同時，也能從他們身上學到我曾未思索過的觀點或新知識。」

施建發師傅擔任民國 98 年至 104 年，第九、十屆中華美食交流協會理事長。

逢年過節的必備佳餚

佛跳牆

融合了各種食材的鮮味於一甕的佛跳牆，近年來已成為一道家喻戶曉的年菜佳餚。作為一道已有百年歷史的福州料理，佛跳牆的用料十分講究，烹煮過程也十分嚴格。

這道由施師傅特製的佛跳牆共包含了十三種食材，並使用台灣味三寶之中紅蔥油和豬油，飄散出一種特別的香氣。除此之外，每一種食材在放入甕烹煮前，皆以不同的方式進行處理。施師傅強調：「使用的紅棗不需先經過泡水，鳥蛋要先炸過並用醬油膏上色，雞肉與排骨則會以不同的醃法進行調理……」

在個別處理好所有食材後，才會依序將食材層層放入甕中，並以大火煮至沸騰，最後再以小火慢慢燉煮。施師傅表示，熱呼呼是佛跳牆好吃的關鍵，而嚴謹調配的烹製過程，食材必須經由層層處理，才能將湯頭的清爽濃郁激發出來，讓人感受這道料理的溫度。

佛跳牆

施建發師傅

材料

鮑魚——10粒
魚皮片——180公克
花膠片——10片
海參——280公克
排骨丁——300公克
栗子——10粒
鳥蛋——10粒
芋頭——120公克
蔥段——30公克
地瓜粉——60公克
高湯——1500毫升
干貝——8粒
魚翅——10片
松茸——160公克
豬腳丁——360公克
雞翅(去骨)——10支
香菇——10朵
紅棗——10粒
蒜頭——30公克
扁魚——20公克
五加皮酒——15公克

調味料

醬油——15公克
冰糖——10公克
二號砂糖——5公克
白胡椒粉——1公克
紅蔥酥——30公克
香菇精——10公克
味醂——15公克
米酒——15公克
烏醋——10公克
鹽——2公克

醃料

五香粉——1公克
白胡椒粉——1公克
米酒——10公克
醬油膏——15公克

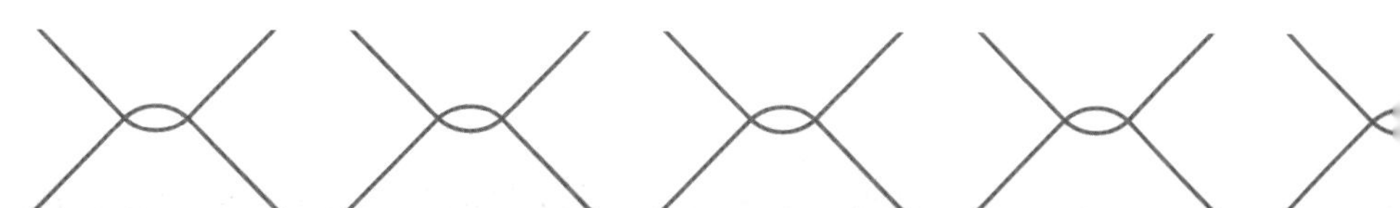

備料

01 芋頭去皮切塊狀。
02 排骨丁、雞翅與醃料拌勻，裹上地瓜粉入油鍋炸至金黃色。
03 栗子、香菇、鳥蛋、芋頭塊、蒜頭、蔥段、扁魚分次放入 130 至 160 度的油鍋炸至金黃色。
04 豬腳丁油炸過後，以醬油、冰糖、水，滷製 1 小時後起鍋，去骨備用。
05 魚翅、干貝泡水泡發。

作法

01 炸排骨、炸雞翅入熱水汆燙，起鍋備用。
02 魚皮片、花膠片、鮑魚、魚翅、海參汆燙過，起鍋備用。
03 芋頭放入甕底，再依序放入排骨丁、豬腳丁、雞翅、栗子、鳥蛋、香菇、紅棗、蒜頭、蔥段、扁魚。
04 最上層放入汆燙好的魚翅、松茸、海參、干貝、花膠片、魚皮片和鮑魚。
05 將高湯煮沸，加入所有調味料後，再煮約 10 分鐘後倒入甕內。
06 加入五加皮酒，封上保鮮膜。
07 最後，放入蒸籠蒸煮 90 分鐘。

名廚真功夫

＊佛跳牆的高湯，可以老母雞、豬後腿肉、金華火腿、乾香菇、乾干貝、白胡椒粒、水，熬製 4 小時，完成的高湯更能提升佛跳牆的風味。
＊炸排骨、炸雞翅經過汆燙，能讓湯頭喝起來較不油膩。
＊魚皮、花膠片、鮑魚、魚翅、海參經過汆燙，能夠去除腥味。

備料
1
2
3
4
5
6

淮揚菜界的三代御廚

李阿樹師傅

讓美味跨越藩籬

身為一位料理人，曾經擔任三位總統指定廚師而被譽為「三代御廚」的李阿樹師傅，是中台灣首屈一指的淮揚料理掌廚人。出生於本省家庭的李師傅不僅跨越了省籍的藩籬，從外省師傅手中繼承了衣缽，更帶領著四位弟弟與多位晚輩，為台灣的餐飲界培養了一批中流砥柱。一路走來，李師傅始終抱持著身先士卒的精神，以身教承接起世代的橋梁，靠言行樹立起職人的典範。

✤ 貧窮出生 苦中成長

遙想起自己的生長環境，李阿樹師傅表示那是一個百廢待興的年代。四〇年代的台灣剛經歷二次大戰的洗禮，國民政府旗下軍眷大舉遷台，許多人忙著重整殘破的家園，希望在這座島上重新建立安生立命的家。同樣的、類似的故事也發生在桃園中壢的李家。

李師傅的母親自小便以童養媳的身分送給了夫家，爾後因為家庭環境因素，母親帶著李師傅與四個弟弟一同搬進狹窄的土角厝，靠賣菜所得的微薄工資扶養嗷嗷待哺的孩子們。

自小便隨母親在菜市場擺攤的李師傅，十分清楚家裡的經濟狀況，長子的身分更使他比其他弟弟們多了一份責任感。「那時的台灣還是個傳統農業社會，家裡有的並不多，但我還是想把它們留給母親與弟弟。」困苦的環境讓李師傅提早學會了吃苦與獨立，為了減輕母親的經濟負擔，同時讓弟弟們過上更好的生活，他毅然地選擇了一條可以供養家庭的道路——廚師。

「在那個年代，有三把刀大多數人是比較不願意去碰的，分別是菜刀、剃刀和剪刀。」由於廚師、理髮師、裁縫師這三種行業都要拜師學藝，是否能學成出師？還全得看師傅臉色，學徒期間只有微薄的生活費，因此只有窮人的小孩才願意當學徒，以工作換取吃宿。不過，在李師傅的眼中，只要自己能有溫飽，讓弟弟們有多一點機會選擇未來的路，那途中多吃一點苦也算是值得。在住家附近，熟識餐館老闆的介紹下，十六歲的李師傅穿著國小的卡其色制服，一手拎著布包行李，腳穿著木屐，離開了熟悉的老家，踏上廚房學徒生涯的第一里路。

✤ 拜師學藝 咬牙向前

隨著國民政府大舉遷台，來自中國四面八方的師傅在台北也開設起代表家鄉味的餐館。滿街林立的各省餐館，對於台灣出生的李阿樹師傅而言，既是種機會，也是項挑戰。「當初我是在一家浙江餐館拜師學藝，花了好一陣子才學會聽懂師傅的外省口音。」面對方言與文化上的隔閡，李師傅選擇了遵循古禮：跪地、磕頭、拜師傅，以實際行動表達尊師重道的倫理觀念與對師傅的敬重。

李師傅回憶時提到，初入門的學徒總是從繁瑣的雜事開始做起，除了買菜、洗菜、洗鍋、磨刀、生火等工作之外，也要負責宰殺家禽和處理魚類。「殺雞鴨前要先放血，還要準備一鍋滾水來燙過，這樣才能拔毛和去內臟。」這些苦差事不但沒有打退李師傅學廚藝的念頭，反而從中學到許多其他學徒所沒注意到的細節。如「可以從菜和碗的擺放位置觀察師傅取菜和盛菜的方式和習慣，當自己開始掌廚後也就會做得比較順手；地板掃拖等工作雖然辛苦，但久了便能掌握整個廚房的使用狀況，對於保持環境衛生和避免食物中毒，以及意外事件發生有很大的幫助。」

在李師傅的印象中，當時餐館所使用的爐火仍以燃燒煤炭、焦炭和柴油為主，因此必須每天早起生火，等到師傅開始工作時，爐子的火勢才足以燒菜使用。當餐館打烊後，便須等待火勢熄滅，才能將燃盡的煤塊從爐子內挑出。這項工作不僅得早起晚睡，做起來也十分辛苦。許多學徒受不了便辭職，但是李師傅並沒有退縮的選擇，既然踏上這條路，就必須堅持初衷到底。

除了在工作上表現出強烈的學習熱忱，李師傅亦投入許多時間與師傅深入相處。「起初只是為了節省住宿錢，後來和師傅相處久了，有個能像父親一般學習的對象也很不錯，就決定繼續待下來了。」剛到台北時，李師傅待的餐廳沒有宿舍，便直接在餐廳的地板席地而睡，碰上生意最旺盛的三節時期更是全程留在店內，盡自己最好的一面換取學習的機會。因此，比起有家能歸的同儕，同樣身處異地的李師傅更能了解師傅的思鄉之感。每當夜深人靜時，一起夜宿店內的兩人便藉著酒、談著心。逐漸地，原籍寧波的師傅已將他視如己出，將年輕時自浙江、江蘇、安徽等地，一路來所學的廚藝，全數傳授給這位難能可貴的入門弟子。

民國 71 年招待貴賓，李阿樹師傅現場劈北京烤鴨服務。

五位親兄弟都是鼎鼎有名的大廚。

✤嶄露頭角 提拔後進

在經過學徒與兵役的歷練後，年僅二十四歲的李阿樹師傅已是江浙餐館的主廚。擁有大好前途的他仍不時心繫留在中壢的母親，除了定時將收入連同書信寄回家報平安外，也不忘記時時關心弟弟們的前途。

當二弟表示想追隨自己入行時，李師傅當面請求師傅幫他介紹工作；當三弟找不到未來的出路時，李師傅藉著自己的人脈將弟弟介紹給同在台北的另一位師傅；當四弟欲涉足餐飲業時，李師傅選擇將弟弟介紹給昔日的同事做學徒。當李師傅開始聲名大噪時，最小的弟弟也早已成為獨當一面的主廚。

「民國六十九年三月一日，我永遠記得那天是全國大飯店正式開幕的日子。」隨著飯店業在七〇年代開始蓬勃發展，李師傅的事業也邁向了前所未有的高度。「當時八大菜系之間壁壘分明，全國大飯店為了讓每一菜系皆能由精通的師傅負責，全國飯店可是砸了重本在確保餐飲的品質上。」為了報答全國大飯店的知遇之恩，李師傅不僅使出渾身解數，甚至帶著廚藝同樣精湛的么弟一同效力這位新東家。

夾帶著雄厚的基礎，擁有一身好手藝的李師傅，在短時間內便一手支撐起全國大飯店的招牌，刻苦耐勞的工作態度更使老闆對其讚賞有加。在任職全國大飯店的二十五年間，李師傅曾服務過許多政界巨頭，包括先總統蔣經國及前總統李登輝、陳水扁，與前台中市市長林柏榕。論誰也難以想像，這位繼承道地淮揚料理的年輕師

李阿樹師傅於台中全國大飯店任職時，製作蔬果雕刻。

傅，竟是位在地出身的台灣囝仔。

除此之外，李師傅也為全國大飯店培養出許多優秀的接班人才，其中更包括不少後來往海外發展，於國際舞台嶄露頭角的後起新秀。「作為兩個世代的中間人，我很清楚自己的職責與任務。」李師傅堅定地說。在屆滿二十五年的任期後，李師傅便將行政主廚一職交棒給三弟，前往人生下一段目標，轉往教育界發展，擔任明新科技大學的旅館事業管理系副教授，手把手地將畢生所學傳承給台灣未來的年輕世代。

✤以身作則　樹立典範

身為一位縱橫職場多年，擁有豐富經驗的淮揚料理師傅，李阿樹師傅深知待人處世的重要性。「我看過太多有才華的師傅找不到傳承人，也見過不少有天分的學徒沒能留下來。」過往的職場經驗，使李師傅特別重視人際關係的培養，除了在上班期間多留意同事的狀況外，下班後也時常與同事小酌一杯。

李師傅認為，廚房的運作靠得不只是職務分配和師徒制度，同事之間的情感維繫也是形成凝聚力的重要因素。雖然不同的成長背景和個性，容易使人與人之間產生裂痕，但認同感的培養卻也是最好的黏著劑。

然而，作為一位全國大飯店的行政主廚，李師傅所需領導的並不只是底下幾位幹部。「與其時時給予提醒教導，不如讓他們看著你的背影學習。」作為五家餐廳，一百多位員工的管理者，重視身

民國 88 年獲選十大技術楷模表揚。

教大於言教的李師傅總是以身作則，製作料理時認真處理每一道細節，收拾廚房時細心清理每一處角落，縱使身居高位仍保持身為學徒時事事嚴謹的態度。提起這段時，李師傅亦不忘記自嘲學徒時期以餐廳地板為床鋪，因此在管理全國大飯店時，也會將廚房地板保持在可以睡人的乾淨程度。

多年的職場閱歷也使李師傅體會到，時代潮流的變遷瞬息萬變，但人才的培養卻是需要時間的。為了確保世代人才的延續，他經常鼓勵晚輩向海外發展，參與世界各地的交流活動，將新興元素融合進傳統料理，讓中餐也能與時俱進，保有源源不絕的前進動力。

✤ 薪火相傳 尋求變化

至今從教育界退休的李師傅雖然早已不在餐飲業的第一現場，但是心繫業界的他仍時時關心飲食市場的動向。「當年隨著國民政府撤退過來，要吃傳統中國菜的人已經不多了。少了以往的客人，年老的師傅也不再幹了，這樣下去菜色只會逐漸失傳。」相較於半個世紀前的台灣，現在飲食選擇多樣化、大眾口味與價值觀的轉變，都是傳統中國餐館所面臨的困境。對此，李師傅認為，唯有進行口味上調整和食材上改變，才能將傳統菜色繼續流傳下去。

對於上述難題，現代人餐飲習慣的轉變，傳統中國餐館必須面對挑戰。「以往大伙結束工作後，都會相約一起上餐館吃頓飯。現代人則喜歡各吃各的，一個人進到餐館點太多會吃不完，只點一道吃不太夠又嫌太單調，若非有三、五人結伴，就算想吃中餐也無法享受中餐。」李師傅表示，若能將中餐的配置設計成像自助餐般，可以隨個人喜好挑選菜色與份量，或是設計出能夠一人獨享的中餐料理，便能有助於中餐在競爭激烈的餐飲市場中突破重圍。

面對現今的市場環境，李師傅希望選擇餐飲業的年輕人在認識外國飲食之餘，也能夠花些時間回頭接觸傳統中國料理。「這是上一代人所留下來的資產，我希望下一代人能夠善用自己所擁有的文化優勢，無論是為了養家活口，還是為了傳承自己所認同的文化。」雖然中餐是一條門檻相對較高，所需時間較長的道路，但在學成之後的不可代替性也並非其他餐飲所能比擬。

民國 78 年李阿樹師傅於全國大飯店示範教學留影。

砂鍋醃篤鮮

慢火醞釀的真功夫

砂鍋醃篤鮮又簡稱為醃篤鮮，可說是江浙菜餚中最為人知的高湯料理。「醃」代表的是醃肉，「篤」則是熬煮過程中冒泡的聲響，「鮮」則是意指鮮肉，顧名思義，醃篤鮮是一道以高湯同時燉煮醃肉與鮮肉，將醃肉的鹹味和鮮肉的鮮味交織在一起，突顯甘、鮮、香三種不同口味的湯餚。

這道料理在台灣的餐廳較為少見，它與一般濃稠感的湯頭不同，鮮甜而不油膩，除了以久醃的家鄉肉凸顯其鹹味外，鮮肉部分則需要選用新鮮的溫體豬五花以帶出其鮮味。為了確保湯頭的品質，在挑選豬肉時必須格外注意新鮮，處理豬肉時亦須特別小心，以免辛苦熬煮出來的湯頭散發出令人不舒服的豬騷味。

由於食材十分簡單，醃篤鮮這道料理並沒有季節上的限制。若要說的話，特別是每年過年到清明節前後，此時正是冬筍與桂竹筍的盛產季節。這兩種竹筍所散發出的味道十分清香，燉起來匯入湯後更是鮮美，不僅可以用於緩解高湯的油膩，亦能用於襯托出豬肉的鮮美。

這道湯品要燉到湯色乳白、肉酥筍香才算完成，是相當費工的功夫菜，由於品湯挾料，口感極致，醒目翠綠的青江菜、吸滿湯汁的百頁結，以及載浮載沉、香味撲鼻的蒜苗，風味誘人垂涎，可說是四季皆宜。

砂鍋醃篤鮮

李阿樹師傅

材料

豬五花肉——380 公克
家鄉肉（鹹火腿肉）——280 公克
冬筍——300 公克
百頁結——200 公克
青蒜——30 公克
青江菜——160 公克
高湯——3500 毫升

調味料

紹興酒——15 毫升

作法

01 冬筍切撥滾刀塊（或切滾刀塊）、百頁結泡軟、青蒜切絲備用。

02 豬五花肉、家鄉肉切成小長方塊。

03 豬五花肉塊、家鄉肉塊放入滾水煮至 8 分熟，起鍋備用。

04 起鍋倒入高湯煮沸，放入豬五花肉、家鄉肉。

05 再放入百頁結、冬筍塊 。

06 加入紹興酒調味。

07 煮沸後，開小火燜煮 30 分鐘至湯汁呈現乳白色。

08 舀入砂鍋內煮滾後，將青江菜汆燙過與青蒜絲一起放入砂鍋。

名廚真功夫

＊鹹火腿肉本身已有鹹度，所以不必再放鹽，免得過鹹而愈喝愈渴，
嚐不出冬筍的清鮮美味。
＊冬筍以切撥滾刀塊處理，吃起來會更脆口。

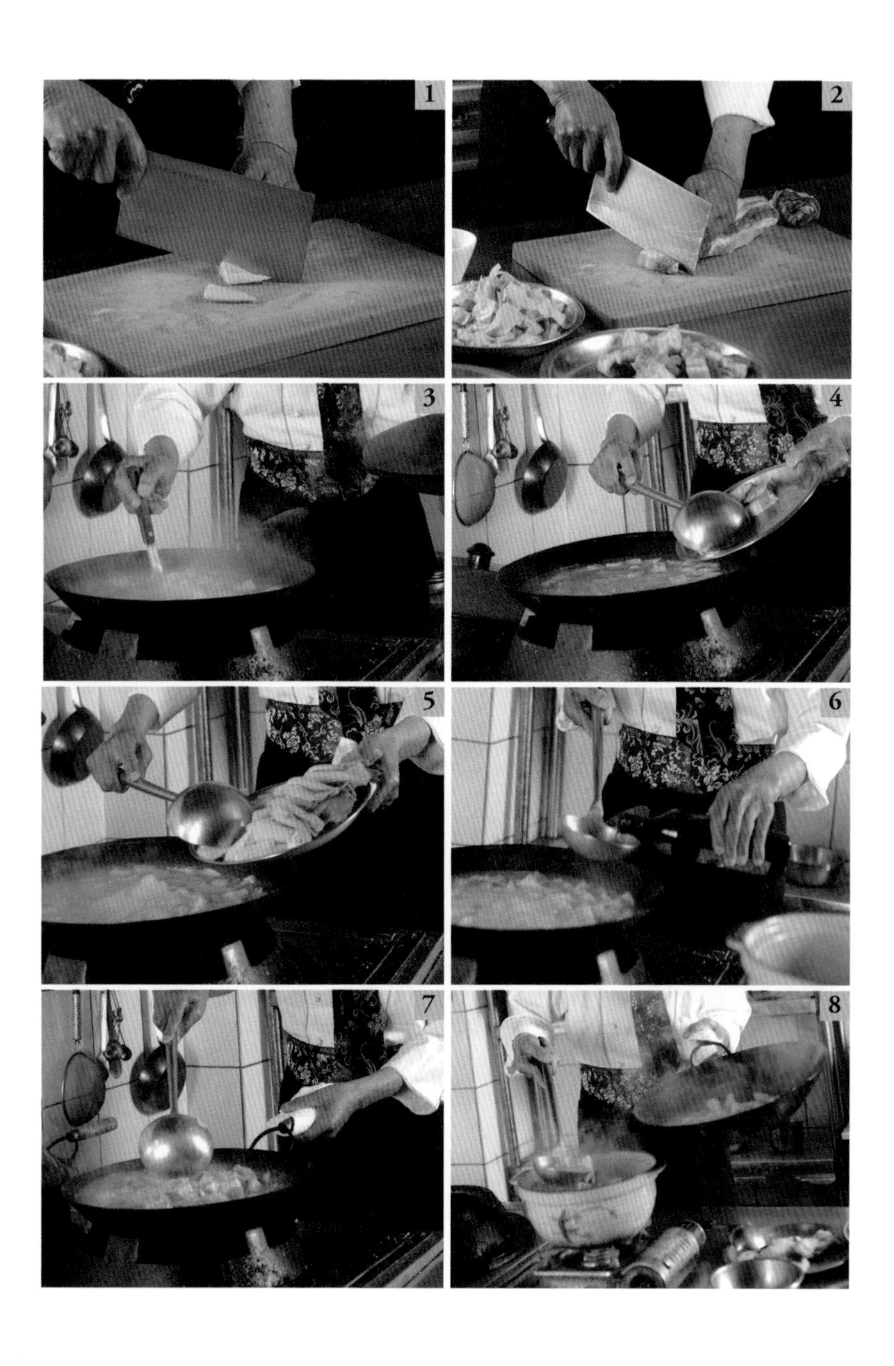
1
2
3
4
5
6
7
8

曾文燦師傅

打造五星品質的粵菜大廚

用好手藝照顧每個味蕾

擁有五十年廚師歷練的曾文燦師傅，不僅是中台灣粵菜的大廚，更是桃李滿天下。對台菜熟稔無比也充滿熱情的曾師傅，重視廚藝的傳承，將好的料理、好的飲食文化傳承給下一代視為己任，只要一有機會就無私地分享，希望一身好本領能被學走越多越好。在這段漫長的大廚之路上，曾師傅始終走得堅定、走得穩當，甚至還飄洋過海到日本掌廚。現在仍舊為了一道道傳統的好菜而四處走訪，無論是傳承也好、親手料理也罷，曾師傅認為廚師就像是遊牧民族，哪裡需要美食，他就願意往哪裡去服務。

✤因緣際會闖入料理界

「在過往的年代，能夠顧好自己的肚子是最重要的，未來根本沒什麼選擇。」由於從小的生長環境並不是很好，因此曾師傅自國小畢業後就開始找工作，為家中經濟盡一分心力。一開始曾師傅去當水泥工人，為建物外牆抹水泥，不過這工作得看老天爺吃飯，要是遇到雨天就沒辦法開工，當天自然也就沒有收入。

某一年的梅雨季節，在三重施工的曾師傅因為連日降雨的關係而停工，剛好從軍中退伍的哥哥說：「有個部隊的士官長在開餐廳，你想不想去當學徒，磨練磨練一技之長。」

儘管當時對料理並不太了解，但曾師傅還是立刻答應，從水泥

曾文燦師傅於明道大學示範料理仙渣糖醋魚，將好手藝傳授給學子們。

工搖身一變成為廚房的學徒。曾師傅回想當時的初衷：「之所以會做出這個決定，純粹只是因為知道進廚房就有得吃，而且做吃的不會餓著。」在曾師傅踏上學徒之路後，還真的顧到了肚子，但那是因為每當有客人點錯菜，或是外場傳達錯誤而做錯的菜，就會進到後場學徒們的肚子。

當時，還發生了一件趣事，由於台灣早年教育還不是那麼普及，並非每個人都能好好到學校上課，曾師傅也是如此。因為那時候書讀得不多，所以剛到餐廳報到時，看到「粵菜」兩個字，還以為是奧菜，心想那不就是臭酸的菜嗎?後來才知道原來粵菜代表著廣東菜系，也從此成為曾師傅入行至今最擅長的料理菜系。

儘管是從粵菜出發，但是隨著各種飲食文化衝擊台灣餐飲業，曾師傅早有自己的風格，他認為要能跟得上時代，與了解時下大眾的口味，這樣才能與時代結合與國際接軌，既保有傳統又能創新。

用廚藝照顧好家人

個性務實的曾師傅認為，現在許多人喜歡分享自己的興趣、夢想，雖然很棒卻容易說得多做得少，這跟年紀輕輕就必須出外打拚，而且只能選擇當黑手、做西裝，或是燒菜的環境比起來，真的不可同日而語。發掘興趣並深入鑽研是好事，但曾師傅鼓勵年輕人要將興趣與實作結合，否則光做白日夢，只會成為「空中樓閣」。

想要在現實生活中找到一條適合自己走的路，那就得先找到自己的熱情。曾師傅以自己的經驗為例，他在決定走廚師一行之後，

曾文燦師傅帶領學生關懷弱勢團體。

便始終專注在這個領域。工作時認真聽話、積極表現，因此受到上層賞識，剛滿十八歲年紀輕輕就當上了主管，二十五歲之後更到高雄及台南發展，也都是以大廚的身分掌廚。這一路的過程，曾師傅一心一意提升廚藝、把份內工作做到最好，為的就是將家人照顧好。

民國五十八年，曾師傅獲得絕佳的機會，進入著名的中泰賓館擔任廚師，那時曾師傅跟著的大廚非常照顧他，甚至還傳授許多專業以外的人生觀念與處世原則，其中讓曾師傅一直銘記在心的，就是要用真實的資料替自己的人生寫故事。當曾師傅離開中泰賓館前，拿到的離職證明，成為往後非常重要的經歷佐證。

另一項重要的經歷，就是在朋友的介紹下到日本當大廚。民國六十九年，曾師傅帶著一身好本領前往沖繩，這一大轉變不僅讓他

曾文燦師傅與北斗農會推廣地方當季農特產品教學展示。

經驗值大為提升，而且收入更是立刻三級跳。不過，能領到高薪最主要是因為很常加班，當時的加班費是平常工資的一．五倍，因此也不難想見曾師傅在日本的收穫，依然是憑藉著他的打拼精神而來。

「我還記得那時候我把領到的現金都塞在枕頭裡，每天都睡在錢上。」因為人生地不熟，而且語言也不通，所以曾師傅每天只懂得一股腦悶著頭做事，不懂得交流互動，更不知道怎麼開口請別人教他存錢或寄錢，無奈只能用讓自己最安心的方式藏著。曾師傅苦中作樂，在日本度過了兩年，因為他深知自己就是去「做牛做馬」的，目標很明確，最後也順利地帶著豐厚的存款回台。

可能有人會想，日本雖然薪水高，但相對來說物價也不便宜，哪能存得了多少錢？但曾師傅在日本生活並沒有太多花費，關鍵原因就在當時日本人不太吃內臟，所以內臟類食材相當便宜，另外像是雞翅跟雞腿，日本人也比較不懂得如何料理，因此遠比雞胸廉價許多，這對身為料理人的曾師傅來說是一大利多。日本人眼中的低廉食材，在他手上化為一道道美味且滿足思鄉情懷的好菜，好吃又省錢，何樂不為？

「我覺得自己的運氣很好。」從日本回來之後，曾師傅就進入全國大飯店服務至今。這一段跨海到日本工作的經歷，讓曾師傅深深感受到自己是幸運的，因為當時很多國外餐廳老闆需要台菜廚師時，在兩岸三地人才中，以台灣人的薪資合理、態度又好，都是以台灣為首選。不過，當曾師傅前往日本時，已經算是台灣料理人才輸出的末期了，後來中國漸漸改革開放，大量人才開始外流，所需薪資相對較低，因而擠壓到台灣人才的發展空間。

無論是沒得選擇所以進入廚房當學徒，或是搭上人才輸出的順風車到海外歷練，雖然現在時空背景已不同，但曾師傅最希望仍是將燒出一手好菜的技藝傳承給下一代，更期待這段珍貴的台灣餐飲歷史能被記錄下來。

修正錯誤 持續前行

曾師傅並非一路上都走得如此順遂，工作中難免會遇到一些小插曲，高EQ的他將這些都當作是一種學習。就像有一次婚宴的辦桌場子，原本主人家訂了三十幾桌，後來要出菜時竟然多加二十幾桌，幾乎翻倍的桌數簡直是不可能的任務，因為原本備料並沒有那麼多。

為了不讓主人家失望，曾師傅接受挑戰。還好那天晚上還有另一家婚宴，只好先將晚上的食材挪過來，並且將問題一一解決，其中最困難的是燉全雞，現場不可能、也沒法臨時找來二十幾隻雞，於是他靈機一動，用上原本餐廳就燉好的雞肉塊，本以為這樣就能為婚宴主人解決尷尬場面。

沒想到還沒能鬆一口氣，因為主人家覺得這道菜不吉利！原來閩南語雞與家的諧音問題，如新居落成，第一道菜要上雞，有起家之意。結婚是成家，所以最重要的雞湯料理應以全雞呈現，怎能用雞肉剁塊？讓主人家聯想到閩南語「散家」之意。

有了這次深刻的印象，讓曾師傅在學校上課時，能作為很好的教材，以教導同學們記得入鄉隨俗。如日本人不喜歡吃內臟，有些客家人可能有蠶豆症，當然還有宗教或個人對食物的禁忌、好惡，在開菜單時就要詢問清楚，才能避免不必要的問題。

對曾師傅來說，讓客人滿意是最重要的事，所以一旦出現客訴，他會站在客人的角度思考，並誠心誠意地說明、道歉，儘管起因是臨時加桌導致，但既然帶給主人家不好的觀感，他就坦然接受，甚至擺了一桌好菜向主人家賠罪。

吃一次虧就學一次乖，從那時候起，只要遇到宴席臨時加太多桌數，曾師傅就會先把話說在前頭，如此一來，如果加桌順利，主人家自然開心，但若有什麼問題，也才能彼此諒解。

每一次工作中的挫折或錯誤，都是學習的好機會，唯有犯錯了，

曾文燦師傅於明道推廣中心授課，帶領學員體驗包水餃。

並且用心修正，人才會不斷成長。即使已經在料理界闖蕩超過半世紀，但曾師傅到現在都還是抱持著這樣的信念，一步一腳印地持續拚下去。

擔起傳承的責任

「任何行業要做到出師都是很難的，我也不認為自己現在已經出師了，還是要學習、要精益求精。」曾師傅強調，把菜燒好是基本要求，比廚藝還更重要的是，要懂得做人的道理。美食佳餚是人與人之間，情感交流的重要媒介，除了朋友或家人一起用餐時，能為彼此的情感增溫，廚師對料理的堅持與愛，也能夠透過菜餚傳達給用餐的人。

透過廚師這份工作，讓曾師傅養活了一家人，他對此心懷滿滿的感激，一路走來穩扎穩打的練習與學習，曾師傅特別珍惜這些技藝，並鼓勵踏入料理殿堂的年輕廚師們，除了要能吃苦，更要用心學習、肯下功夫，哪怕是採買食材也不可以貪小便宜或投機取巧，這樣才能一步步學好功夫。

曾師傅一臉認真的說道：「其實選購食材的關鍵就是要熟知食材的屬性，有耐心探究食材的每個典故，才能料理出好味道。」對他而言，做菜已經不是糊口的工作，而是一種純粹的熱愛。曾師傅期許自己無論到哪，都能傾囊相授給新一代的年輕人，並期待「江山代有才人出」，未來有更多有志於料理的好手，能將台菜的手藝與文化繼續傳承下去。

餐旅
Hospitality

曾文燦師傅於民國106年台北家樂福總部參加年菜評比，端出「遵古手撕雞」。

美味又喜氣的傳統好滋味——

紅蟳糯米糕

傳統經典台菜之一的紅蟳糯米糕，除了是辦桌不可或缺的美味之外，同時也是台灣早期慶祝「弄璋之喜」的報喜信物，家裡生了兒子的人，會準備紅蟳糯米糕分送給親朋好友及街坊鄰居，藉以讓大家知道家中的喜事。

由於從前並不是每戶人家都有蒸籠，所以沒辦法用蒸煮的方式料理紅蟳糯米糕，這就是真正考驗廚師的功力，直接用大鍋炒生糯米。不過，直接從生糯米將這道菜炒出來，就真的不容易了，除了全程火候要控制得宜，當然也得要有足夠的經驗，才能在最佳時機起鍋，保留紅蟳的鮮甜水嫩，同時讓糯米熟透軟Q。

紅蟳是相當珍貴的食材，而新鮮度是重點，有一句話是如此流傳的：「紅蟳未死身先臭。」因為無論紅蟳買時多麼活跳跳，烹煮之後還是很容易有發臭的情況。其實，這是因為紅蟳有類似壁虎的習性，遇到危險時會斷螯求生，斷掉的螯很快就會發臭，料理時就會影響味道。曾師傅建議，在料理紅蟳時將螯分開煮，就可破解「紅蟳未死身先臭」。

紅蟳糯米糕

曾文燦師傅

材料

長糯米 ——— 100 公克
紅蟳（沙母）——— 1 隻（約 450 公克）
乾香菇（泡水）——— 80 公克
金鉤蝦 ——— 60 公克
五花肉絲 ——— 200 公克
紅蔥頭 ——— 60 公克
老薑片 ——— 60 公克
紅標米酒 ——— 300 毫升
清水 ——— 420 毫升

調味料

黑麻油 ——— 20 毫升
醬油 ——— 20 公克
鹽 ——— 10 公克
紅糖 ——— 5 公克
胡椒粉 ——— 2 公克

作法

01 長糯米洗淨，泡水 1 小時之後濾乾。

02 紅蟳由蟹蓋剖開，剪去蟹臍及鰓後，刷洗乾淨切塊備用。

03 乾香菇泡水泡軟後去蒂、切絲；金鉤蝦泡水泡軟後，撈起瀝乾水分。

04 起鍋裝好清水加入紅標米酒煮沸，開小火保持微滾，完成米酒水備用。

05 起熱鍋，紅蔥頭切片爆香成酥。

06 倒入黑麻油，依序加入老薑片、金鉤蝦、香菇絲、五花肉絲，慢火煸香。

07 再倒入長糯米，加入醬油、鹽、紅糖、胡椒粉調味，拌炒均勻成半熟米糕。

08 加入米酒水，鋪上切好的紅蟳，蓋好鍋蓋，慢火燜煮 12 分鐘後，熄火利用餘溫再燜 10 分鐘。

09 將糯米糕裝入竹籠，紅蟳放在最上面。

10 紅蟳糯米糕放入蒸籠，蒸煮 10 分鐘即可上桌。

名廚真功夫

* 傳統作法，老薑清洗乾淨後不去皮，煮出來薑味才濃郁。
* 煮糯米飯：糯米與水的比例約為 1：1.2。
* 米酒加水煮滾後，能揮發掉酒氣，並去除苦味。

1
2
5
6
7
8
9
10

揮灑美味的外燴達人

陳汀煙 師傅

用心傳遞口感與溫度

出身台中清水的中台灣外燴達人陳汀煙師傅，從小家裡就是做辦桌生意的，因此跟在父親身邊一路走來，也學得一身好手藝。對他來說，料理不外乎就是兩個字——用心，只要願意用心做，什麼都能學得會。

儘管投入料理界，是基於當時環境刻苦做出的選擇，然而若非對煎煮炒炸有一定程度的熱愛，是不可能一頭栽入就持續了四十多年，更不會在已經可以退休的時候，還繼續親手烹調一道道美味台菜給老饕們享用。這位個性樸質但卻備受敬重的大廚，憑藉著對傳統台菜的熱情，從南到北征服了無數的挑剔味蕾。

✤信手拈來 源自扎實基本功

早期的台灣舉凡婚喪喜慶，總是在家宅前、曬穀場等空地搭棚，以「辦桌」形式宴請親朋好友。當時，儘管交通不便、沒有空調冷氣，但大家仍會攜家帶眷熱鬧的敘舊，讓人備感溫馨，而這種富有濃厚人情味的圓桌，可說是最道地的外燴飲食風情。

陳師傅說起三、四十年前的台灣，他回憶道：「以前那個年代，也不是常常吃得到辦桌，因為才剛要進入創造經濟奇蹟的年代。」儘管辦桌文化已經悄悄起飛，北投酒家菜也逐漸盛行，即將邁入台菜最輝煌的年代，但當時一般人能接觸到外燴宴席的機會並不多。

當時，根本還沒有「廚師是一個專門職業」這樣的觀念，所以人們對於廚師並不是太尊重，不會用「大廚」或「師傅」來稱呼，而是直接叫「刀子」(台語發音)。但是，陳師傅十六、七歲時，為了幫家裡減輕一些負擔，沒有繼續升學，而是跟隨父親的腳步，踏上了廚師之路。

「當年想要去當人家的學徒，還得要靠關係、找熟人幫忙介紹才行呢。」陳師傅回憶道，其實父親就是外燴辦桌的大廚，而陳師傅從小就跟在父親身邊學習，今天的好功夫也可以說是從小耳濡目染而來。不過，儘管當年是大廚的孩子，仍舊得從最基本的洗碗開始做起。「那時候真是洗碗洗到我叫不敢。」陳師傅回想起當年面對堆積如山的碗盤，一個一個全都得要仔細洗乾淨才能休息，辛苦過程可說是點滴在心頭。

陳汀煙師傅於民國 96 年接受全國勞工模範表揚大會表揚。

陳汀煙師傅設計的海陸拚盤新菜。

既然洗碗很辛苦，為什麼不試著選擇別條路呢？陳師傅說：「因為當廚師一定吃得飽。」農業社會家庭貧窮，能夠顧好自己的肚皮，進而撐起一家子，就已經算相當幸運了。跟其他行業比起來，至少當廚師是一定有得吃，再加上家學淵源的關係，所以在陳師傅心中從來沒有其他選擇。

從學徒到大廚，需要經歷過非常多學習及磨練，所需時間也不止三年、五年。「洗碗洗菜只是開端，還要殺雞、殺鴨、拔毛等，全都得一一體驗。」陳師傅表示自己一路以來除了豬之外，應該所有食材都親手從頭到尾料理過了，其中像是殺鱔魚、鰻魚、土鱉等等，都是令他印象深刻的學習。

從小細節到大關鍵，一條龍的學藝過程，除了讓陳師傅有了扎實的基本功，更多了隨心變化菜色樣式的創意。性格謙虛低調的陳師傅，認為自己直到現在都還在學，因為人們的飲食習慣及口味，隨著時代不停在改變，所以在傳承台菜的基本精神及料理技術之餘，身為掌控料理口味的大廚還必須不斷吸收新知，以及結合現代人崇尚健康的飲食風向，才能在料理上持續創新、滿足大多數人的需求。

✤ 懂得做人才能成為稱職大廚

「大廚就是得要大小事全都精準掌控，而且要做好人力及工作的分配。所以全都要懂。」一般人可能會覺得大廚只是在廚房內，負責炒出一道道美味的料理就行了，其實不然，要當一個稱職的大廚，必須樣樣精通。因此，想領會外燴辦桌的所有真功夫，就必須從最基礎一路往上爬，即使是需要火候、調味功力的廚藝，也還不算最重要的關鍵，陳師傅認為一個能夠把場子做好的大廚，真正的核心是——做人。

人與人之間的相處，尤其是在辦桌這種需要眾多人力、相互協調的工作環境裡，一個不小心就會擦槍走火，因此考驗著大廚的控場功力。陳師傅深深覺得大廚必須要萬能，各個細節大小事什麼都要會、什麼都要精，這樣才能抓對時機、下對指令。因為深諳做人的道理，並累積了多年的廚藝經驗，陳師傅在接下父親的衣缽之後，很快就闖出名號，不僅在中台灣深獲支持，也經常前往北部、南部服務。

此外，陳師傅主持的宴席規模也越做越大，席開上百桌已是家常便飯，即使是兩、三百桌的特大場，也都能指揮若定。這麼大的場子，光是備料就是浩大的工程，烹煮過程更是得跟時間賽跑，讓客人們都能吃到熱騰騰的美食，所以說掌控外燴辦桌的大廚，除了用心還是用心。

台灣南北飲食習慣有所差異，不過陳師傅非常了解自家外燴團隊的口味特色，不管到哪裡都會維持自己的好味道，因為「主人家就是因為喜歡我們做的口味，才會請我們的。」

面對現今外燴辦桌市場日漸萎縮，陳師傅倒是老神在在，認為「食」擺在食衣住行第一位有其道理。儘管現在已漸漸不再辦傳統流水席，但進入大樓或商辦服務的機會卻增多了，只是形式上有所改變而已，傳統台菜還是會受到支持，當我們順應時代向前，並且保持積極學習的心，自然就不用怕會被淘汰。

陳汀煙師傅於廚師證講習授課。

✤ 找回失去的好味道

為了保持對料理的創新能量，陳師傅經常在閒暇時到處探尋美食，而且幾乎生冷不忌，只要是好吃的、有人氣的，就都想要試一試。「我比神農氏嚐試的還要多，他只是吃草，我則是什麼都吃。」好奇心旺盛的陳師傅，最喜歡穿街走巷，專找門庭若市的店家，不光只是單純享用美食，還會吸收其特色及優點，並且進一步融入自己的料理之中。陳師傅不斷持續精進，是源自於對美食的熱情，不過也感嘆：「在速食經濟下，很多美食都漸漸消失了。」

面對現代的飲食習慣陳師傅分析表示，現在網路資訊非常發達，有很多人以寫部落格或拍攝影片的方式介紹美食，也造成強力的跟風現象，大家不惜排隊或千里迢迢前往，只為吃一次人氣美食，但卻很少人能真正知道「好吃的原因」或「好在哪裡」？有時候會讓美食體驗的心得都很相似。

此外，速食餐廳崛起也深深影響了年輕人的飲食習慣。一到櫃檯點完餐，很快就能拿到餐點享用，這樣當然是很方便，但陳師傅強調「速度快是不可能端出有深度的料理」，因為求快得要統一作法、統一口味，當然不可能跟富含底蘊的傳統台菜相提並論。

「好比說單單一隻雞，就可以有千變萬化的料理方式。」陳師傅舉例，長久以來深受老饕歡迎的雞湯，就有各式各樣不同的變化，藥膳口味溫順滋補、加入冬筍清甜鮮香、與鮑魚及魚翅一起料理則層次豐富……喝一口湯就能感受到各種食材充分融合的美味，這是速食文化難以企及的高度。

據陳師傅的觀察，隱身巷弄間的小店，往往都有高手進駐，小小的店裡只要有一兩道令人流連忘返的美食，就可以立於不敗之地。即使是最簡單的炒飯，也可以憑藉著炒功留住顧客的胃。

「雖然現在辦桌比較少了，但是學好手藝之後開一間小店，同樣可以傳承好味道，而且還能養活一家大小。」陳師傅積極輔導年輕人學習廚藝、自行開店，主因跟他當年選擇走這一行一樣，就是當廚師一定有得吃，只要能端出好菜，一定會有客人願意上門。因此，陳師傅特別希望能將一身好本領傳承給下一代，只為多灑一些傳承台菜的種子，讓記憶中的好味道能持續飄香。

921震災時接受前總統陳水扁慰問。

持續深耕古早的飲食樣貌

踏上大廚之路至今，已經走過四十多個年頭，從流水席辦桌開始，陳師傅逐步在中部建立起知名度，現在仍不斷有顧客找陳師傅去辦外燴，其中也經歷過許多印象深刻的宴席，幫許多名人辦外燴的經驗更是不勝枚舉。不過，無論來到怎麼樣的主人家，陳師傅都是保持一貫的專業服務態度，先根據預算規劃菜單，再與主人家進行討論，以求得最適切的一桌菜。這樣的作法跟一般合菜餐廳很不同，能彈性更大並搭配上創意，是陳師傅屢屢能獲得讚賞的主因。

另外，宴席主桌往往是最大的重點，所以主桌的菜餚陳師傅幾乎都會親自料理，不假他人之手。既要管控每一道料理的品質，還得顧及出菜的速度，陳師傅偶爾也會有力有未逮的地方。幸好妻子與陳師傅一同打拚，一個掌廚，一個顧外場，合作無間羨煞許多同行。

「當初是硬推她去做，趕鴨子上架的。」陳師傅表示，辦桌其實不像大家所看到的那麼簡單，裡頭有非常多細節之處，尤其是外場的部分，從桌子的設定、桌上所有必需物品的擺設、出菜的方式及速度，還有最後的撤場及清理。每一個環節都不容忽視，而且都需要耗費大量體力，所以陳師傅對於妻子的支持深懷感激。因為外場有妻子強而有力的支援，讓陳師傅能更專注在內場料理，持續推出具有新意的台式好菜，打響餐飲業界口中「外燴達人」的名號。

如今這個求新求快的時代，陳師傅希望大家能停下腳步，重新感受深具人情趣味的辦桌文化，讓迷人的古早味飲食風景，不再只是懷舊照片裡的殘影！

陳汀煙師傅於廚房一角設計新菜單。

桂花炒翅

鑊氣逼人的功夫菜

四大海鮮鮑參翅肚中，魚翅在傳統宴席上屬於富貴的象徵，因此許多主人家都會睜大眼睛，緊盯大廚如何料理這個珍貴的食材。魚翅本身基本上並沒有味道，所以如何使其入味就考驗著大廚的功力，一般來說大多會做成羹湯，魚翅彈牙的口感搭配濃郁的鮮湯，激盪出層次豐富的美味。然而，桂花炒翅這道料理卻反其道而行，用大火熱炒的方式料理魚翅，特別講究火候的掌握，以及翻炒的速度。

桂花炒翅這道料理由於整體色澤呈現淡黃，形似桂花因而得名，主要的材料除了會用到主角魚翅之外，最重要的就是蛋酥。陳師傅選以鴨蛋入油鍋炸的方式來製作蛋酥，打散的鴨蛋液，在油鍋中成為油亮的金黃色，瀝乾油後看起來像極了朵朵桂花。鴨蛋是取其香口和油分較高，讓整道菜吃起來鮮鹹醇香，若為求方便也可以雞蛋取代來做此道料理。

由於魚翅本身Q軟彈牙的脆度，以乾炒的方式，並結合蛋酥的酥脆，再加上其他食材一起入口，口感脆酥、嫩滑非常豐富，鮮美香口的滋味，讓人大呼過癮。

現在環境保育意識抬頭，魚翅也可以素翅或粉絲取代，其實也能有相同的口感和美味。

桂花炒翅

陳汀煙師傅

材料

蝦米 ——— 20 公克
豬肉絲 ——— 75 公克
乾香菇（泡水） ——— 50 公克
蒜仁 ——— 60 公克
紅蘿蔔 ——— 60 公克
麻竹筍 ——— 350 公克
香菜 ——— 16 公克
鴨蛋 ——— 2 顆
魚翅排 ——— 260 公克
豬油 ——— 15 公克
蝦仁 ——— 80 公克
米酒 ——— 15 公克
薑片 ——— 60 公克
蔥段 ——— 50 公克

調味料

鹽 ——— 2 公克
二號砂糖 ——— 2 公克
胡椒粉 ——— 0.3 公克
烏醋 ——— 5 公克
香油 ——— 5 公克

作法

01 蝦米泡軟瀝乾、香菇泡軟切絲、蒜仁切末、紅蘿蔔切絲、麻竹筍切絲、香菜切小段。

02 筍絲入冷水中煮熟。

03 魚翅排加入米酒、薑片、蔥段，放入水煮 40 分鐘至魚翅排軟化，將蔥段、薑片挑掉，撈出排翅打散備用。

04 鴨蛋打入不鏽鋼碗，打散備用。

05 鴨蛋蛋液倒入漏勺，淋下油鍋。

06 蛋液炸成金黃色蛋酥後撈起。

07 熱鍋倒入豬油，爆香蒜末、蝦米後，加入蝦仁、豬肉絲、香菇絲、紅蘿蔔絲拌炒。

08 再加入筍絲、魚翅，以鹽、二號砂糖、胡椒粉調味，最後加入蛋酥拌炒，起鍋前淋上烏醋、香油拌炒均勻。

09 盛盤後放上少許香菜段。

名廚真功夫

＊魚翅用薑片、蔥段、米酒煮過，可以去除魚翅的腥味。
＊起鍋前才淋下烏醋（鍋邊醋），能使料理的香味更棒。

1
2
3
4
5
6
7
8

弘光科技
HUNGKUANG

廖清池
台灣蔬果雕刻大師
師傅

廚藝精湛的「天下第一刀」

紅遍兩岸三地及日本、韓國，在新加坡被譽為「天下第一刀」，台灣蔬果雕刻的第一人的國寶級大廚廖清池師傅。與生俱來就富有美感的廖師傅，自十三歲當學徒起便一頭栽入中菜料理的領域，迄今已累積將近一甲子的經驗與功力，由他所帶起的果雕旋風更是歷久不衰。一代大廚從學徒身分躍升至國際舞台，甚至跟著亞都麗緻大飯店的總裁嚴長壽到世界各地進行美食外交，廖師傅的精采故事，就像一道色香味俱全的台式大菜，耐人尋味。

✤忍住一口氣 終成傳奇大廚

出身南投鄉下的廖清池師傅，是台灣重要的刀工大師，同時也在世界各國享有盛名。他精湛的蔬果刀工，是靠自己一點一滴無師自通磨練出來的。「在我們那個年代學做菜，師傅可說是一個比一個兇。」投身料理界已將近六十年的廖師傅，談起當學徒的歲月仍舊恍如昨日一般，歷歷在目。

十三歲國小畢業後，廖師傅就因家裡環境不好而到餐廳當學徒，一邊學廚藝一邊賺錢貼補家用，而個性嚴謹且凡事追求完美的廖師傅，卻憑著不輕易言敗的毅力，一路爬升至現在的地位。

當兵回來之後，經由朋友的介紹，廖師傅幸運地進入新北投美

大新飯店離職証明書

查廖清池君於民國三十九年九月二日出生，自民國五十年七月一日起在本飯店，任廚師至民國六十年十二月六日。

特此証明

負責人 張春河

地址 南投鎮崇文里圳滴巷243號

中華民國六十三年十月八日

郵政標準信箋

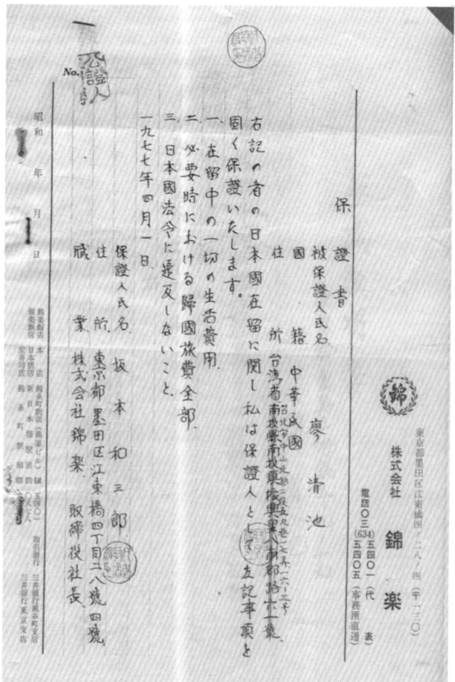

株式会社 錦楽

東京都墨田区江東橋四ノ二八ノ四（〒一三〇）

電話〇三(634)五四〇一（代表）五四〇五（事務所直通）

保證書

被保證人氏名 廖清池

國籍 中華民國

住所 台湾省南投縣南投鎮[illegible]十一號

右記の者の日本國在留に関し私は保證人として左記事項を固く保證いたします。

一、在留中の一切の生活費用

二、必要時における歸國旅費全部

三、日本國法令に違反しないこと。

一九七七年四月一日

保證人氏名 坂本和三郎

住所 東京都墨田区江東橋四丁目二八號四號

職業 株式会社錦楽 取締役社長

No. 公證人

昭和 年 月 日

廖清池師傅任職於大新飯店、錦樂飯店時的文書資料。

多樂大飯店當廚師，沒想到才去第一天，就遇到了改變他一生的貴人「阿松師」。

當時在新北投美多樂大飯店掌管廚房的大廚阿松師性格剛烈，廖師傅曾為了要確認仔細多詢問了一句話，而引來阿松師破口大罵，並抓著廖師傅的手打算做示範，但卻一個不小心割傷了廖師傅。

從特種部隊退伍的廖師傅，當時年紀尚輕，本來吞不下這口氣，但就在那麼一瞬間，有個聲音浮現腦海，告訴他：「不可以對不起介紹人林德川師傅。」於是他心想，如果忍不下這口氣，就辜負介紹人的好意了。心念一轉，他把刀一放，逕自跑到外頭讓自己冷靜冷靜。

「那一剎那若是真的太衝動，恐怕我這一生就完全不同了。」

回憶起這段往事，廖師傅感嘆不已，因為多年後他終於明白，當時令他氣得牙癢癢的阿松師，其實是人生中重要的貴人、恩人，因為有這麼意外的一刀，才讓他下定決心不斷自我操練、自我提升，最後成為台灣首屈一指的刀工大師。

當年在北投，酒家文化剛開始風行，許多來自日本的客人喜歡到北投的飯店進行「二次會」，也就是我們俗稱的續攤，因此發展出量少卻精緻的「酒家菜」，講究刀工、擺盤精美，好看又好吃。搭上這股風潮，廖師傅學習到不少寶貴經驗，刀工及廚藝一日千里，「手路菜」做得爐火純青。

廖清池師傅於民國66年赴日東京都錦樂飯店工作。

民國74年廖清池師傅任職台北福華大飯店廚藝中心擔任主廚。

✤ 幸運之神降臨 前往日韓發展

一九七五年，廚藝已經有一定火候的廖師傅，偶然得到了掌廚的機會。當時是一批日本客人前來用餐，因為是透過旅行社安排的「團體膳食」，沒有什麼複雜的菜色，所以大廚便讓已有相當功夫的廖師傅上陣主導。

這是他第一次掌廚，心中難掩興奮，儘管只是尋常菜色，但每一道他都用心準備，尤其是刀工及擺盤，更是力求完美，因此獲得了日本客人一致的肯定。

「那時候旅行社的人員來廚房問說今天是誰掌廚，我師傅立刻就說日本人要給小費了，叫我趕快出去領。沒想到，是要邀請我去日本工作。」對廖師傅的廚藝大為讚賞的日本客人，給出了一個令人難以抗拒的大好良機，當年要出國並不是那麼容易，尤其又是到日本去工作，更是難能可貴，廖師傅一聽想都不想馬上答應。

經過半年的努力，廖師傅通過了僑務委員會的考試，並且拿到良民證，一切準備就緒，前往日本應聘。到了日本才知道，異地工作原來如此辛苦。

「在那裡我人生地不熟，話也不會講，聽也聽不懂，整天只能躲在廚房一直做、一直做。」由於日本老闆要的是廖師傅的刀工技術，以及處理中華料理的火候，所以儘管語言不通，但他仍舊展現出一流廚師的功力，讓日本人相當懾服。

1990 年行政院新聞局艾美獎，廖清池師傅於紐約林肯中心表演。

待在日本的九年時光，讓廖師傅有了極大的轉變，原本性格剛烈的他，在會計大姐的推薦下去上了刺繡、插花，甚至是園藝設計等課程，一方面磨練自己的脾氣，一方面增加對於美感的敏銳度，讓他刀工擺盤的功力又更向上提升了一個等級。

隻身前往日本工作的廖師傅，與當時的女友展開遠距離戀愛，待了三年之後他回台結婚，並將夫人帶到日本一起生活，但在第一個孩子出生之後，對於日本水土不服的夫人便帶著孩子回到台灣，等到第二個孩子出生之後，他便返鄉發展，以免長期家人分隔兩地。

「在回台灣之前，我還去了韓國的凱悅飯店待了一年，不過最終還是決定以家庭為重，回來跟家人團聚。」一九八五年，在台灣料理界有十年空窗期的廖師傅，原本擔心會找不到工作，但幸運之神卻相當眷顧，讓他順利進入福華飯店服務，總裁廖東漢更是對他十分器重，讓他能夠一待就是十六年半。

更值得一提的是，廖師傅還在回台之後參加百家名廚第一屆名廚技藝大賽，用苦練多年的真功夫一舉拿下冠軍殊榮。

✤ 平時做足準備　登台就能發光

「每個人都有自己的才華跟天賦，但往往都被隱藏著，要靠壓力或刺激才能激發出來。」對自己的美感相當有自信的廖師傅，其實一開始並不清楚自己有這方面的天賦，要不是當年被阿松師當頭棒喝，也不會激發出後來如此精采的人生，更不可能在競爭激烈的金廚獎賽事中脫穎而出。

1988年經觀光局推薦，於蘇聯電視台展現精湛刀工。

憑藉著無人能及的刀工，廖師傅創作出讓傅培梅驚為天人的料理，並且更進一步得以認識亞都麗緻大飯店的總裁嚴長壽，以及當時的交通部長毛治國。受邀與嚴總裁及毛部長一起用餐時，廖師傅感到喜出望外，他過往就有將自己的作品拍成幻燈片收藏的習慣，而此時正是拿出來展現的大好機會，於是他自己帶著燈箱赴宴，一張一張驕傲地將作品呈現給幾位重要貴賓。就這樣，他抓住了與嚴總裁一起到國外進行美食外交的機票。

「因為跟著嚴總裁到世界各國推廣中華料理，讓我的眼界大開。」台灣菜的刀工大多展現在蔬菜水果上，而歐洲各國的刀工則是在巧克力或奶油上做發揮，見識過歐洲大廚的巧克力刀工手法之後，讓廖師傅大感人外有人，也因此勉勵自己要持續進步、持續研發更多創意料理。追求更高的廚藝，就是廖師傅孜孜不倦的人生方針。

「一個人沒有目標，就像大船漂流在海上沒辦法靠岸，而無法靠岸就等於無法成功。所以我都會鼓勵年輕人，不管是靠貴人或靠環境，一定要找到人生中的燈塔，然後朝著燈塔勇敢前行。」經常在青年署或少年監獄演講的廖師傅，不僅會勸年輕人要像自己一樣「忍得下一口氣」，還要盡快找到人生目標，並且在每一個階段都盡其所能地學習，讓自己做好所有準備，才能在機會降臨時一展長才。

✤ 不假他人之手　事事堅持完美

料理作品眾多的廖師傅，當年在傅培梅的鼓勵下出版了第一本書，毛部長也為其寫序，書裡所呈現的內容就是他一路以來的刀工擺盤功夫，每一道菜都像是一件藝術品。隨著國際交流的機會大增，廖師傅的名氣也逐漸傳到中國及東南亞各國，除了在新加坡被譽為

1988 年雙十國慶於柏林旅展展場表演。

「天下第一刀」之外，香港的新華通訊出版也將他評選為「世界名廚」之一。

能有這樣的成就，廖師傅謙虛地說是當年阿松師的恩賜，「有好幾年我一心就是想要比他強，所以一想到什麼就會立刻動手去嘗試，甚至做夢夢到也會趕快爬起來，第一時間把夢中的圖畫下來。」努力到廢寢忘食的精神，讓廖師傅成為台灣無人能及的刀工之神，不過如此追求完美、追求進步的性格，卻也讓他吃過苦頭。

在一場美食展中，廖師傅所帶領的團隊要製作九龍燈，每一顆西瓜龍燈的雕刻時間長達八小時左右，但因為展期有四天，且現場環境會加速食材的腐壞，所以也不能提前作業，因此他只能在短短的一個禮拜之內，將九龍燈全數完成。

為了要呈現出最完美的作品，廖師傅犧牲了睡眠時間，累了就洗個澡恢復精神，真的撐不下去也只是在桌子上趴睡一下，沒多久又立刻投入工作。就這樣不眠不休了七天，作品才順利在美食展展出，但卻沒察覺到身體已經不堪負荷。

成品發表當天，快輪到廖師傅上台介紹時，他終於敵不過身體的自然反應，緊急請了另一個師傅代替，然後便返回福華飯店休息。原本以為只是需要睡眠休息，幸好飯店的同事發現他不太對勁，帶他到醫院接受檢查，這才發現事態嚴重，他不僅十二指腸潰瘍，而且已經失血過多，到了需要輸血的地步。

經過適當的治療之後，廖師傅的病情總算穩定下來，但心繫作品的他，還是不放心讓徒弟們接手處理，於是要求團隊將作品帶到醫院讓他繼續作業。這樣的舉動可讓醫生氣壞了，馬上要求廖師傅出院，而他更是為了作品不惜一切，轉到別的醫院繼續把工作完成。

「當時節目還到醫院拍攝我在病床上雕刻的畫面。」雖然現在講來雲淡風輕，但當時的狀況真教人捏一把冷汗，在經歷過這次的事件之後，廖師傅便轉到「廚藝中心」，擔任廚師培訓以及菜色擺盤研發的工作。

✤ 擔憂傳承困難　竭力推廣中菜

「現在年輕人學廚藝大多是在學校學，以前的學徒制已經幾乎沒有了，學中菜的也越來越少，餐飲人才的斷層可說是有二十年。」自詡為「菜餚美容師」的廖師傅，透過到學校授課或到處演講教學的方式，希望能將自己一身的好本領傳承下去。然而他也坦言現在的環境不同以往，願意好好學習中菜的年輕人少之又少，讓他擔憂代表台灣傳統文化的許多大菜會逐漸失傳。

因為一身的好廚藝，讓廖師傅有機會登上許多國際舞台，並且也參與過多場國宴，前總統李登輝、陳水扁以及海地總統，都曾是他的座上賓。廖師傅用自己的堅持與奮鬥，譜寫出料理傳奇人生，因此也希望能夠後繼有人，讓更多有志於精進廚藝的年輕人，在聽了他的故事之後，能對大廚之路更有信心。

儘管餐飲人才斷層嚴重，但廖師傅對於培訓後進的熱情還是不減，期待今後在他的努力之下，台菜的八大菜系能逐步再現江湖，並且不僅讓台灣人能品嚐，還要弘揚到世界各地，用台灣道地的好菜征服全世界的味蕾。

美國芝加哥的雙十國慶嘉年華會時，廖清池師傅上ABC電視台表演。

經觀光局推薦，廖清池師傅參與美國旅館事業拍攝觀光影集。

廖清池師傅的精湛刀工作品：龍鳳呈祥。

廖清池師傅的精湛刀工作品：金雞啼鳴。

彈牙不膩的古法手路菜

金錢蝦餅

很多人誤以為蝦餅是泰國菜，其實這是傳統的酒家名菜之一，發源自台灣光復初期，是當時的大廚們為了讓酒客能夠吃得精緻、吃得盡興，絞盡腦汁所研發出來的菜色。由於其形狀圓潤飽滿如同錢幣一般，因此得此美名。

廖師傅表示，在蝦漿、蔥花等材料之中，混入兩片薄豬板油，再沾麵包粉酥炸，是這道料理美味的秘訣。現代人為了追求健康，會用豬網油來取代豬板油，然而卻也會失去了金錢蝦餅原本的酥香風味。因此廖清池師傅在推廣這道料理時，仍會建議以豬板油入菜，保留傳統的絕佳美味，讓記憶中的好味道能繼續傳承下來。

剛酥炸好的金錢蝦餅，帶著熱氣一口咬下，金黃酥脆的外皮裡頭包著飽滿彈牙的蝦漿，口感令人回味無窮，撲鼻而來的鮮蝦香氣，更讓人忍不住一口接一口。廖師傅強調，製作金錢蝦餅時，每一道工都要仔細處理，例如鮮蝦要盡其所能剁碎成泥，攪打內餡時也要有耐心，直到黏稠有彈性為止。外層的麵包粉也不宜過厚，這樣才能呈現出最完美的口感。

金錢蝦餅

廖清池師傅

材料

草蝦仁——200公克
荸薺——70公克
青蔥——50公克
肥豬油——140公克
雞蛋白——2粒
麵包粉——120公克
麵粉——120公克

調味料

鹽——1公克
二號砂糖——2公克
胡椒粉——0.5公克

作法

01 取二層肥豬油，使用模型壓出圓形狀。

02 將圓形的肥豬油用片刀切成布袋形狀。

03 草蝦仁去腸泥，洗淨擦乾水分，剁碎後用力摔打，攪拌成泥狀。

04 將荸薺剁碎、青蔥切花與草蝦泥加入鹽、二號砂糖、胡椒粉，攪拌均勻成蝦餡。

05 將蝦餡以虎口掐成球狀，分成每球約 30 公克的球狀蝦餡。

06 將切成布袋形狀的肥豬油包入蝦餡。

07 外層肥豬油沾乾麵粉後，裹一層蛋白汁，再沾麵包粉，靜置 3 分鐘反潮。

08 放入熱油鍋炸至黃金色便可起鍋擺盤。

名廚真功夫

*肥豬油也可以用豬網油代替。
*除雙飛刀（布袋刀法）之外，也可以切成兩片豬油，兩片夾住蝦餡。

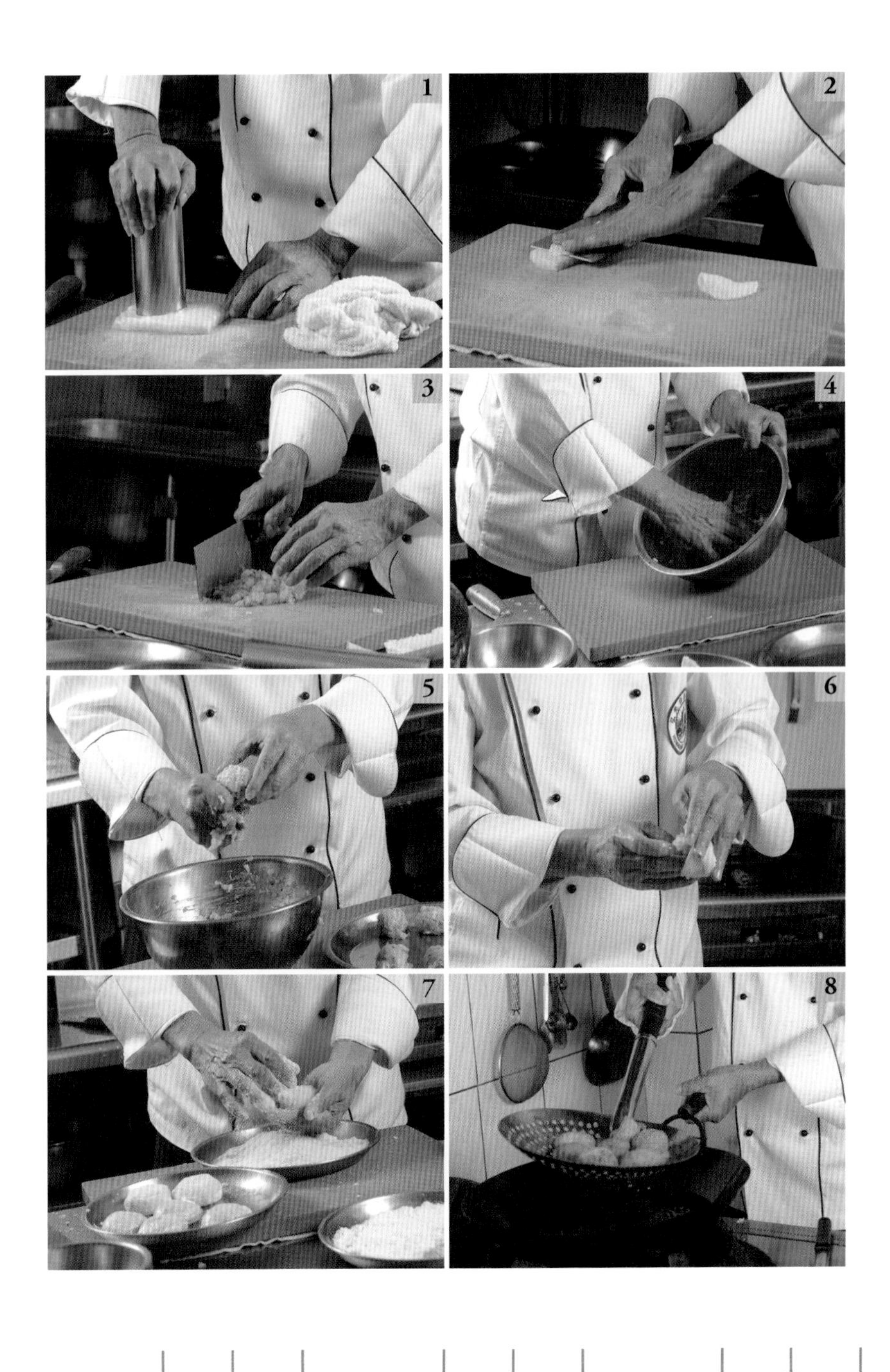
1
2
3
4
5
6
7
8

R.O.C.

汪義勇
辦桌外燴南霸天
師傅

矢志傳承
台灣好味道

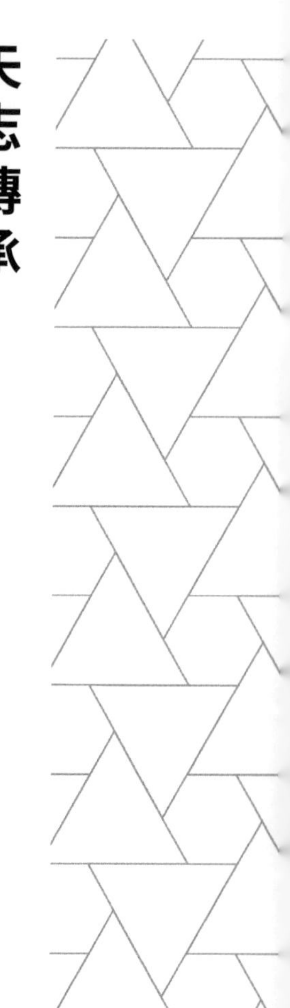

在全台外燴圈享負盛名的汪義勇師傅，自小就在湯湯水水的台式料理中打滾，不僅學得一身好本領，今日也在台南永康開立餐廳，提供老饕享用傳統台菜的好去處。同時更屢屢受邀在校園開辦講座、示範做菜真功夫，將經驗傳承給年輕一代。對他來說，料理就像藝術一樣，每一個細節都要認真做到極致，才能催生一道道美味又兼具視覺享受的料理。

✤從沒得選擇中走出自己的路

做菜人人會，但要做到精緻並不是一件容易的事，凡事追求完美的汪師傅認為，要成為一個能夠獨當一面、協調全局的大廚，至少得先累積八年的掌廚經驗。

「我六歲就會煮飯了，八歲開始出來幫忙工作，第一個任務就是洗碗。」出身傳統家庭的汪師傅，由於父母生了八個孩子，所以家裡經濟負擔沉重，每個孩子到了一定年紀、能夠幫得上忙的時候，就會自動自發地為父母分憂解勞，他也不例外。才剛上小學，他就跟著父親到市場一起賣吃的，成為專職的洗碗工。雖然那時還沒意識到，這就是他未來的道路，但卻是他踏入料理的起點。

在那個整體環境不佳、生活較為辛苦的年代，許多孩子對於未來是沒有選擇餘地的，能夠學得一技之長，長大後自食其力、養活自己，是一般父母對孩子的期盼。「我的父親告訴我，只要願意當牛，不怕沒有犁可以拖。」耳熟能詳的一句俗語，點出汪師傅從小建立起「刻苦耐勞」精神的源頭，自律甚嚴的父親是他的最佳榜樣，他就是這麼看著父親辛勞且堅強的背影，一點一滴成長過來的。

學會煮菜不是難事，人家說「歹湯好一個燒」，意思就是不管廚師端出來的湯味道如何，只要維持熱度就會有基本分，然而，要成為專業的大廚就不是那麼容易了。一路跟在父親身旁學習的汪師傅，十八歲開始獨當一面，出來接外燴辦桌的場子。或許很多人會覺得「才十八歲，好年輕啊！」但事實上從八歲當學徒算起，他已經歷經了整整十年的磨練。

當學徒的時候，除了學台菜料理的基本功，以及許多傳統菜色的關鍵技巧之外，汪師傅也從上一輩的大廚們口中聽到許多有趣的風土民俗。他舉例說道：「我們平常入厝的宴席要先出一道雞的料理，其實是誤打誤撞而來的結果。」

據說在四、五十年前，辦桌文化剛興盛的時期，有個經驗豐富的大廚接到入厝宴席的委託。當天因為桌數較多，所以現場一片忙亂，在第一道冷盤還沒完全準備好之前，就已經傳來主人家點燃鞭炮的聲音，那是「開桌」的訊號。大廚眼看冷盤是來不及上菜了，眼角餘光看到昨晚就預先準備好的白斬雞，於是靈機一動要求出菜人員先將白斬雞送上桌，藉以化解眼前的危機。

難關順利度過了，但主人家卻相當不開心，氣呼呼地質問大

2011年汪義勇師傅與法國藝術家卡佑民合照。

廚：「你會不會做啊？第一道怎麼不是冷盤？」

結果大廚氣定神閒地說：「你今天是入厝，所以我先出一道雞，來代表『起家』，你懂不懂？」

由於「雞」台語的發音與「家」相同，所以主人家一聽相當開心，認為這是非常吉利的象徵。這件軼事漸漸傳開了，以後入厝宴席大家反而就以雞肉料理當作第一道菜。

如此有趣的傳聞汪師傅信手捻來，而這些有溫度及人情味的故事，充滿台菜獨特的文化醍醐味，所以除了傳承料理功夫之外，這些色彩繽紛的過往歷史，更是台菜裡不可或缺的調味劑。汪師傅深知許多道菜的由來或背景故事，因此讓人吃起他的料理來，多了有一份人文的味道。

手足合照，汪義勇師傅於家中排行老四。

✤ 學當大廚前　先學會愛自己

由於父親家教甚嚴，所以汪師傅也養成了相當嚴謹的性格，平時不僅不菸、不酒、不嚼檳榔，工作時更是嚴守分際，把每一道菜都當作是自己家人要吃的，用最高的安全衛生標準來料理，確保客人能吃得滿意、吃得放心。他傳承了父親的優良品行，並且也用同樣的標準要求現在跟著他的廚師們。

「身為一個廚師，敏銳的味蕾可說是相當重要，必須好好珍惜。」汪師傅認為，在菜餚端上桌之前，大廚都是第一道關卡，能過得了自己這一關，才能送到客人面前。因此汪師傅特別保護自己的舌頭，不讓一些日常的壞習慣對其造成傷害。如果廚師因為自己的味蕾遲鈍了，分不出菜的酸度是來自於醋，或是因為壞掉臭酸，那就太失職了。

讓自己維持在最佳狀態，保護好所有廚師必備的身體條件，這是一種自愛。汪師傅強調，學做菜之前非常重要的一點是學做人。以前年輕的時候，他性子很急、脾氣也較暴躁，常會用情緒去處理事情，當然也因此經歷過一些挫折。「那時候辦桌找了很多鄰居媽媽來相挺，因為是幫忙的性質，也不可能太要求，所以過程中難免會有需要調整的地方。」因為有過這樣的經驗，汪師傅因此學會了，每當有情緒浮現時，就先看看自己能如何因應，而不是一下子就讓情緒爆發出來。

「千萬不要因為一時不順心就發脾氣，否則可能會失去生命中重要的貴人而不自知。」不要被情緒影響，學習控制脾氣、修身養性，其實就是愛自己的一種表現，因為人都是互相的，給了別人空間，別人也才會給你空間；用更好的方式進行溝通，才能得到更多良性的反饋。這是汪師傅從歲月中累積而來的人生智慧。

「審視自己是不是在表達上有問題，仔細想想之後再說一次，一次不夠就再一次，直到對方聽懂為止。」耐心與愛心是年輕廚師們對汪師傅的共同印象，當然這也是汪師傅經過多年歷練才磨出來的，尤其是在海軍陸戰隊服役的三年，更是讓他有滿滿收穫。

「當初不但抽到海陸，而且還要當三年，身邊的人都替我惋惜，但我卻覺得是好事，因為我相信自己能在裡面學到東西，不會白白浪費時間。」退伍之後，他性格更加圓融地回到熟悉的廚房，並逐漸打開「台菜南霸天外燴達人」的名聲。

汪義勇師傅十八歲時，於外燴廚房工作的情形。

✤指揮一場廚房的交響樂

因為凡事追求完美，所以汪師傅所帶領的團隊總是能得到客人最大的信任與好評。不過在競爭激烈的外燴領域，光有做菜的本領還不夠，得要兼具創新的能力，不斷推出新菜色，才能滿足客人的需求。因此，汪師傅的團隊每隔一段時間就會研發出新的料理，自家餐廳的一樓及二樓，更完全設置成激發創意的廚房，讓年輕人可以有盡情發揮的空間，持續嘗試、持續創新，付諸行動將想法化成實際的成品。

一位廚師的養成並不容易，要達到穩定且成熟的階段，至少得要花個八年，再加上學會待人處事的圓融技巧，那就更是學無止盡了。

「掌廚的大師傅，就像是樂團的指揮一樣，必須能綜觀全局、掌控每個細節，才能確保每一場宴席能順利完成。」熱愛古典交響樂的汪師傅，從欣賞音樂的過程中得到不少啟發，他認為交響樂的表演能不能成功，指揮占了很大的關鍵要素，畢竟一個樂團有那麼多人要一起演奏，而且每個人的能力都各不相同、使用的樂器也不一樣，如果指揮出一點點差錯，那可是會帶來莫大的影響。當然，每一個團員也都像是螺絲釘一樣，各有各的職責，要是有其中一個能力不足，或是在演奏中不小心出狀況了，那麼台下的觀眾一定能聽得出來。

辦桌外燴也是如此，大廚的協調性必須要好，除了平時得深入了解底下每一位師傅的性格與專長之外，還要知道所有食材的細節，這樣才能在真正上場時指揮若定，並帶領團隊發揮最佳默契，端出一道道最到位的好菜。

汪義勇師傅與導演魏德聖。

✤ 古早味的傳承不能忘了厚度

台菜文化從北投酒家菜崛起，當時可說是台菜的鼎盛時期，但古早味的台式料理，也是需要適度的變化，來迎合追求健康的現代人，然而如果沒有傳統的味道作為底蘊，就很難創新突破。汪師傅對於傳統台菜的作法、手路相當堅持，認為鹹淡可以調整、口味可以變化，但料理本身味道的厚度還是要在。所謂的厚度，就是入口之後的層次感，而要做到這一點，烹調過程中的所有步驟細節就得要全都做到位，不能有所省略。

像是需要經過油炸的菜餚，有些人因為怕太油而抗拒，但油炸是烹調方式中非常重要的一環，有些菜餚不經油炸就沒辦法呈現出最美味的口感。況且，會吃起來感到油膩，其實是料理過程出了問題，汪師傅說：「只要油溫夠高，再加上起鍋後確實做到瀝油的動作，根本就不會有過油的狀況。」

此外，一道菜餚的好壞，鮮度也很重要，從大廚料理好之後的兩個小時內，是最佳的品嚐時機。如果超過時間，食物就會開始變質，口感也會受到影響，所以菜餚起鍋之後多久會進到客人口中，時間就得計算得當，並安排好整個料理程序。

身為掌控全局的大廚，就是得要看見每一個細節，汪師傅所提出的「八年練功」，由此可見。而自身經驗豐富的汪師傅，更將客人的滿意度及健康視為己任，無怪乎有一大群死忠的老饕顧客，這麼多年來始終跟著他。

✤創造代表台灣的好味道

教菜、上課、培養年輕廚師，汪師傅現在的重心開始轉向傳承手藝，不過在他心中還有一個夢想，那就是替台灣開拓出真正具有代表性的美食。就如一般提到西班牙，就會聯想到海鮮燉飯一樣，他期待今後台灣的料理界也能持續精進，並且團結齊心，開創出一道能跟台灣畫上等號的名菜。

「工作即修行、修行即工作」樂在工作中的汪師傅，堅守崗位半個世紀，至今仍保持著積極行動的精神。因為對他來說，凡事都是去做了，才有修正的機會，而只要願意修正，就能不斷進步。

汪師傅一路走來起起伏伏，他特別鼓勵年輕人勇於嘗試，不要怕自己學得慢，「就算別人學一年你得學兩、三年，那又有什麼關係，學到的，就是自己的。」只要對料理有興趣，他都非常願意指導，但是汪師傅也表示該有的歷練不能少，因此就連洗碗的基本功也不可忽略，這就如同他自己當年一樣，真正的傳承，就該是如此。

富貴布袋雞

內藏玄機、考驗功力的佳餚

在雞身裡放進各式各樣的珍饈，讓雞看起來像是個布袋一樣，這就是布袋雞的標準作法。由於這道料理能吃到許多不同食材，而且在閩南語更有「賺錢賺整布袋」的好寓意，所以廣受老饕們的喜愛。

布袋雞作法繁複，除了得先仔細地清理全雞之外，還得一一將雞身上的骨頭、內臟都去除，使其成為一個可以容納其他食材的布袋，然後將各式精選佐料逐一處理備好料，一般會有海參、鮑魚、火腿、筍子、香菇等等，再將材料放入布袋雞中，最後才能送進蒸籠。

布袋雞品嚐起來不但不油膩，反而有各種食材的豐富滋味，「肚內有乾坤」的作法，讓饕客們在享用的過程中，能感受到挖寶的樂趣。而吸附了全雞精華以及各式配料的高湯，更是讓人食指大動、回味無窮。

蘭香滿堂

富貴布袋雞

汪義勇師傅

材料

烏骨雞——1隻（約1200公克）
筍翅（綠竹筍幼筍尖片）——150公克
魚翅（水發）——120公克
乾干貝（泡水）——80公克
乾香菇（泡水）——40公克
杏鮑菇——60公克
薑——10公克
雞高湯——1500毫升

調味料

米酒——15公克
鹽——3公克
二號砂糖——1公克

作法

01 乾香菇、乾干貝、魚翅泡水泡發，並將泡干貝的水留下備用。

02 香菇、薑切絲，筍翅、杏鮑菇切片。

03 將筍翅片、杏鮑菇片、魚翅過水汆燙備用。

04 將烏骨雞剔除骨頭，保留雞皮、雞肉備用。

05 取出雞骨架與雞高湯一起熬煮。

06 依序將香菇絲、杏鮑菇片、薑絲、筍翅片、魚翅及干貝絲等食材塞進雞肚裡面，直到撐起雞皮、鼓起來。

07 將塞進配料的布袋雞用鴨針以 S 形固定雞皮，放進蒸碗。

08 放入蒸籠用中火蒸煮 30 分鐘，使布袋雞定型後，拆掉鴨針。

09 雞高湯加入干貝水，再加入米酒、鹽、二號砂糖調味。

10 將布袋雞取出，放入燉盅。

11 將煮好的高湯倒入燉盅之中。

12 燉盅放入蒸籠，用大火蒸煮 2 小時。

名廚真功夫

＊蒸煮定型後的布袋雞，須將雞皮上灰白色的蛋白質雜質清除掉，湯汁才會清澈不混濁。

4
5
6
7
8
10
11
12

Chef Lin

南台灣港茶文化的開拓者

林進興

師傅

敏銳味蕾掌握港粵風味

若提起南台灣的港粵飲食文化，人們便會直覺聯想到高雄國賓飯店的港式飲茶。曾於國賓飯店擔任行政主廚，現為義大天悅飯店主廚的林進興師傅，便是其中一位重要推手。長年鑽研港粵料理、來往台港兩地的林師傅，不僅承襲了香港的道地料理，更配合台灣的季節性食材，打造出不一樣的港粵料理。

對於這位港粵料理達人，也是二〇〇七年的國宴主廚來說，人生便是一場場的馬拉松，雖然路途看似遙遠，但是每向前跨出一步，就往目標前進一步，最終抵達目的地後，都造就了值得榮耀的成就。

✤菸農兒女的另一條道路

自日本殖民時代起，美濃便是台灣南部一大菸葉產區，來自高雄市美濃區的林師傅正是出生在以種植菸葉為業的客家家庭。由於有政府的保證價格收購，菸農向來有「種田的公務員」之稱，身為菸農之子的林師傅，自然從小必須與父親一同到菸葉田工作。然而，林師傅因體質不耐日曬無法適應農田裡的工作。「當時能在室內工作的不是坐辦公室就是站廚房，而我選擇了後者。」無心在一般職場工作的林師傅，透過親友的介紹來到高雄的公爵大飯店，開始了學徒的生活。

在林師傅的回憶中，學徒必須於每天早上五點半提早起床，替客房的客人準備好早餐，等到師傅都下班後，還得要留下來清洗廚房與善後。辛苦了一整天後，雖然飯店配有宿舍，但距離飯店仍有一段距離，為了把握寶貴的休息時間，許多學徒便會以廚房內的桌子為床，鋪上紙箱後倒頭就睡。已經習慣農家早睡的林師傅自然不習慣如此晚睡的生活，在做了半個月後便寫信回家，希望父親幫自己另謀一份較為輕鬆的工作。

林師傅回憶道，「當時父親在回信中提到：『你體質不好不能曬太陽；又不想在廚房幹活，那你有想過你還能做什麼？』又提起我小時候在家裡廚房幫媽媽做菜的情景，我想了想，還是待了下去。」在父親的提點下，意識到自己已經毫無退路的林師傅只能咬緊牙關，縱使工作再忙、身心再累，仍將自己最好的一面表現出來。正是這份認真勤奮，讓林師傅在短短一年七個月內便獲得師傅的肯定，從負責洗碗、挑菜的學徒中畢業。

林進興師傅於民國 80 年參與台北中華美食展比賽。

在師傅的介紹下，林師傅從公爵大飯店轉到世雄飯店，從燒臘師傅正式開啟了廚師的職業生涯。相較於其他同儕，林師傅不畏懼於職場環境的改變，只要一有更好的進步機會，便會毫不猶豫的上門應徵。十幾年下來，林師傅不僅累積多家飯店、餐館的資歷，也精通於各種港式料理的製作手法。到民國七十三年時，林師傅已經是國賓飯店中得以獨當一面的廚師。

不停歇的精進自我

料理的精神究竟是什麼呢？對奠定高雄港式茶餐廳的林師傅來說就是「挑戰」。作為飯店的活招牌，林師傅除了管理好廚房內大小事項外，與時俱進、精進學習也是林進興師傅的必要功課。「老闆每年都會派我們到香港觀摩，為期五天至一週。通常由當地負責接待的公關，帶我們到各家餐館品嚐各式菜餚，中途不只要勤做筆記，回國後老闆還會召開記者會驗收觀摩成果。」

對於許多師傅來說，這種定期的國際性交流不只是增廣見聞，也是一種挑戰，「平常習慣拿鍋鏟來料理，突然要拿紙筆記下眼前的菜餚，那還真是需要轉換一下腦袋。」除了書寫和思考得跟上餐館的出菜速度外，感官方面也需具備一定的敏銳度。林師傅表示，主廚師傅通常不會輕易地將配方透露給他人，而能直接進到廚房觀摩的機會也十分少，因此大多只能自己細細琢磨，摸索出他所使用的食材與料理方式。「像是現在很普遍的金沙料理，我記得台灣廚師剛接觸時還困惑許久，直到回國後自己嘗試做了幾次後才找到正確的食材，其實使用的就是鹹蛋黃。」這種自己看、自己揣摩、自己猜的學習方式，不僅增加了林師傅感官的敏銳度，也培養出自主學習的習慣。

林進興師傅早年於廚房內拍攝的個人獨照。

除此之外，隨著季節的變遷，時時推出新菜單也是林師傅平日的重要工作。「在餐飲界，每年總是會出現一些改變，新的菜餚逐一問世，舊的菜餚漸漸地被遺忘。」顧客的口味總是不斷在改變，有時是受到社會風氣或大眾觀念所影響，但更多的時候則只是單純想要嚐鮮。因此林師傅休假在家依然會開伙，他充滿熱忱的表示，就算再忙也要到菜市場多逛幾圈，時時更新自己的食材資料庫，藉此找出當季的新鮮食材，並依各項食材的時節長短，搭配出一套套既符合時節，也能滿足大眾口味需求的新菜單。

✤ 跟隨潮流　以變應變

談起台灣南北部餐飲文化的差異，林進興師傅謙虛地表示南部的菜餚和北部相比確實沒有那麼精緻，他仔細分析道：「同業之間常流傳著這兩句話：『在高雄比份量，在台北比精緻。』雖然我們不著重在擺盤等細節度，但是會以實在的份量凸顯對客人的誠意。」同樣的，南北兩地的客人性格也大不相同，相較於北部的客人，南部的客人通常較為熱情，也較容易形成仰賴私交的熟客文化。「對他們而言，我們這些大廚便是他的門面，餐飲方面他們要求不多，但相對而言總會有其他需求。」

為了深入了解各地方各菜系的餐飲文化，林師傅經常與其他師傅共同舉辦主題性的辦桌活動。以每年定期舉辦的高爾夫球之宴為例，第一年的主題為北投之宴，菜餚以酒家菜為大宗；第二年為上海之宴，以江浙菜為主；再來則是夜市之宴，將蚵仔煎、粉腸、粉肝、黑白切、炸雞排等夜市小吃端上餐桌成為主角。每一次的合作，對於林師傅而言都是一次不同的文化體驗。

「高雄過去一段時間曾有不少的茶藝樓，當時常與朋友相約一同泡茶。只要買個一到二兩的茶葉，便能在小包廂內待上好幾個鐘頭。」以茶入菜便是林師傅在當時所興起的念頭，為了尋找合適的茶葉，林師傅曾多次到中國取材，並自己歸納出一套心得：「茶葉在沖泡兩、三次後便可入菜，此狀態下的茶葉又香又嫩，拿去煎蛋剛好，要是沖泡太多次，茶葉的香氣沒了，便難以凸顯茶葉的特色。」此外，茶葉的種類也會影響入菜的味道，像是深烘焙的茶葉便比較不適合入菜。在認識各種餐飲文化的同時，林師傅也因應潮流趨勢，嘗試將不同元素加入了菜餚之中。

林進興師傅於民國 88 年擔任主廚，於餐廳與顧客討論菜單。

✤ 成就靠的是團隊

隨著職位提升與知名度增加，林師傅也兼任起公關的角色，不僅顧及廚房內的工作，還得抽空與客人搏感情。「有些客人特別熱情，甚至會特地多帶幾瓶酒來，要找主廚喝一杯。遇到這類狀況，我們也不能多喝以免影響工作。」不過，有時得仰賴其他內場師傅的協助，才能讓客人在盡興之餘仍能享受到水準以上的佳餚。

說到客人黏著度，林師傅認為還有一點也很重要，那就是如何為熟客點菜，關於這點外場服務人員的協助，對於林師傅來說亦十分關鍵。「由於有不少客人會在短時間內光顧好幾次，因此哪些客人來了第幾次，先前幾次點過哪些餐點，都是由外場經理記錄下來，提醒我們適時更換菜色，讓客人每次都有新的體驗。」有了外場周到的協助，讓林師傅第一時間就能端出令客人滿意的菜色。這些經驗使林師傅深刻體悟到，一家餐廳的成功，靠得不只是個人的廚藝，團隊合作十分重要。

除了感謝同事之間的互相扶持外，林師傅也十分感謝家人長期的支持。「這是一份逢年過節都不在家的工作，好在我的家人都能體諒與支持。」雖然林師傅語氣輕鬆，但長時間無法陪伴家人，心中總有遺憾，尤其是過年時，望著客人圍爐，那感覺更是強烈，但幸好兒女十分懂事孝順，妻子也願意一人挑起照顧家庭的重擔。

家庭何其重要，林師傅表示年輕時，不懂理財常常入不敷出，每個月寄回家的不是孝親費，而是信用卡簽單，連父親都關切他出社會後，怎麼還向家裡拿這麼多「零用錢」。「當時不知為什麼一直

林進興師（右一）傳於民國74年高雄國賓飯店，與夜總會同事合影。

存不了錢，後來有一位命理老師說，我要等到結婚後，才能留得住錢財。沒想到，直到和女友論及婚嫁時，才開始有了頭緒。」，「在有了家庭後，為了應付家庭的各種開支，我才逐漸收起好玩的個性，慢慢養成出儲蓄的習慣。」這時林師傅才察覺到，結婚本身雖然不會帶來財運，但婚後的責任與目標是促使林師傅存錢的最大動力。

至今，林師傅雖然已卸下國賓飯店行政主廚的重擔，但已習慣在廚房奮鬥的他，仍持續精進自我，認為只要這雙腳還可以走動，雙手還可以活動，就會持續工作。對於林師傅來說，人生的道路並沒有特定的終點，只要持續向前，前方便會不斷出現新的道路。「我相信有許多剛踏入社會的年輕人感覺很辛苦，就如剛進入廚房當學徒的我一樣，但只要堅持下來，便能闖出自己的一片天地。」回憶起那段最為艱苦的日子，林師傅直言，若非父親的勸說，或許自己

難有今日這番成就。在鼓勵台灣未來下一代的同時，期勉各位能夠
找到自己的目標與夢想。

傳承手藝，林進興師傅與兩位徒弟合影。

花雕雞油花蟹

來自香港的古老菜

隨著港式飲茶、料理在台灣扎根，台灣人對於許多的港式料理已耳熟能詳。然而，林師傅這道「花雕雞油花蟹」，卻是一道鮮為人知的港式料理。據林師傅所言，這道花雕雞油花蟹是他在二十幾年前，去香港觀摩學習時學回來的料理。

秋天的螃蟹蘊含豐富的蟹黃、蟹膏，正是饕客大啖螃蟹的季節！這道花雕雞油花蟹除了可以使用花蟹之外，也可以用紅蟳或處女蟳來替代。相較於台灣以白酒蒸煮、豆瓣或蒜頭酥炒的方式，以雞油蒸煮出來的花蟹，帶有另一種誘人的香氣。另外這道料理還有一個特別之處，就是運用花雕酒來提味。由於蟹屬涼性，與酒互補，便可以解蟹涼性，是最佳的搭配。

此外，林師傅在這道料理中加入了鹹蛋黃。「先將鹹蛋黃蒸熟、打碎，加入雞油爆香，起鍋時再加入兩大湯匙的花雕酒，可說是真正的花雕雞油花蟹。」新鮮花蟹肉質鮮甜，藉由從鹹蛋黃中散發出來的酒香，可以將三者的香氣緊密的融合，成為一道色香味俱全的螃蟹料理，那美味的歡愉，是一種令人難以抗拒的魔幻魅力！

TAIWAN TOBACCO & WINE
MONOPOLY BUREAU
REPUBLIC OF CHINA
花雕酒

花雕雞油花蟹

林進興師傅

材料

花蟹——2隻
鹹蛋黃——4顆
雞油——10公克
卡司達粉——3公克

調味料

花雕酒——30毫升
雞粉——2公克
二號砂糖——1公克

作法

01 先將鹹蛋黃蒸熟，然後剁碎備用。

02 將花蟹身體與蟹殼分離，剪去蟹臍及鰓後，刷洗乾淨分切四塊，放入蒸籠蒸熟。

03 取出蒸熟的花蟹後，將湯汁倒入碗中備用。

04 將蒸好的花蟹先擺盤。

05 另起鍋子，倒入雞油，放入鹹蛋黃爆香。

06 加入蒸煮花蟹的湯汁。

07 加入雞粉、二號砂糖調味後，以卡司達粉勾芡，炒至起泡沫。

08 起鍋前加入花雕酒，攪拌均勻。

09 最後，花蟹淋上醬汁便可上桌。

名廚真功夫

＊卡司達粉勾芡，可使醬料顏色更漂亮、味道更豐富。
＊鹹蛋黃先蒸熟、剁碎再炒，才比較容易炒均勻，爆出香氣。
＊炒鹹蛋黃時火候不可以太大，這樣很容易便會燒焦。

1
2
3
4
6
6
8
9

Chen, Chao-Lin

陳兆麟 師傅

宜蘭傳承四代的餐飲世家

推動宜蘭菜精緻化走向國際

「總有一天，人的名字會被遺忘，但一道好吃的菜餚，名字卻會永遠流傳在世界上。」兩度擔任國宴主廚的陳兆麟師傅一路走來，不曾忘記初衷。從曾祖父輩的外燴事業，料理技藝代代相傳，至今創立「麟手創料理」，兼顧傳統與創新的手法烹調宜蘭特色菜，頗受地方好評，甚至吸引國際饕客慕名而來。此外，家族經營的第一招牌「宜蘭渡小月餐廳」，從父親陳進祥時創立，陳兆麟師傅承接並發揚光大，渡小月餐廳不僅是宜蘭之光，更成為國宴指定的廚師與料理，而這一切都要歸功於陳師傅一路的努力與堅持，堅持將台菜精緻化，不只要吃得飽，更要吃得營養與精緻，這正是他一生所追求的目標。

✣傳承四代的好手藝

陳師傅家學淵博，出生於宜蘭的他，投入餐飲界已將近五十年，資歷深厚，不僅曾多次任職台灣美食展召集人與諮詢委員，並擔任國宴料理設計烹調，款待國際重量級嘉賓與長官。

自小學一年級起，陳師傅就跟在做外燴的阿公身邊，從端菜開始學起，小小身軀可以端四、五個盤子，練就一身敏捷的身手，到了國中一年級正式與父親學習廚藝。

陳師傅一下課就去幫忙買菜、備料，從處理食材、殺魚、剁雞、洗菜等基本功做起，為廚藝打下扎實的根基，並不因為是廚師的兒子就有特別的待遇。陳師傅整整當了三年半的學徒，才能站上爐火

宜蘭第一屆美食展召集人合照。

前煮菜、燒菜，為客人烹調料理。他認為一步一腳印才有真功夫，就連現在他的兒子也是從基層工作做起，在「麟」餐廳做招待、洗盤、備料、擺盤等，承襲父親的好手藝。

陳師傅最難忘的回憶是，十六歲開始當起外燴主廚時，在客人的委託下辦了八桌外燴，獲得了許多掌聲與讚美。不過，陳師傅卻覺得美中不足，原本應該兩、三點放下去蒸的料理，因為火候沒有掌控好，而稍微不夠軟爛。嚴以律己的陳師傅便認為，自己第一次的外燴表現不算及格。

除了廚藝，陳師傅在雕刻也展現極高的天分與興趣。當時因為陳家附近的一座廟宇正在整修，陳師傅天天前去觀看學習，即使雕刻師傅面露不悅的神情，也無法澆熄他的熱情。每天苦候雕刻師傅下班後，再獨自到廟裡仔細觀察、揣摩雕刻作品的進度與變化，甚至動手練習雕刻。當兵期間陳師傅自修繪畫和素描，退伍之後更全心全意鑽研蔬果雕刻，只要聽到哪裡有相關的活動或展覽就前去觀摩，因此結識雕刻神像的柳師傅，熱心地指導陳師傅如何使用各種雕刻刀具，教授許多雕刻的技巧。不只如此，陳師傅還買了許多日本蔬果拼盤的書籍自學，舅舅也親自指導以南瓜鏤空雕龍的技巧，而後陳師傅憑著蔬果雕刻的技術，參加了大大小小廚藝比賽，推出許多兼具藝術與創意的美食作品，屢屢獲獎，光是味全公司所舉辦的金廚獎大賽，就連續參加五屆，每次都得獎。第九屆比賽時，甚至雕刻了一面屏風，獲得許多驚呼掌聲，菜餚中放入屏風元素，甚至在當時的廚師界蔚為風潮！

對於比賽樂在其中的陳師傅認為經過賽事的洗禮，有助於提高

陳兆麟師傅與父親陳進祥師傅及兒子陳冠宇師傅合照。

廚師上進心和榮譽心，而且藉著比賽磨練廚藝，讓廚師在高壓中成長，養成不屈不撓、堅持下去的精神素養，才能成就一身好功夫。

「渡小月」期許不過小月

陳師傅一生的廚藝從宜蘭開始，也發光自宜蘭。於一九六八年創立的「渡小月」餐廳，以辦桌菜外燴起家，創店數十年，目前傳承到第三代，最早可追溯到陳師傅的曾祖父，那時從做小吃開始，到了爺爺這輩則是做蛋糕、點心等，有時兼做外燴主廚，傳承到父親這代時便專注於辦桌外燴，成為頗受推崇的辦桌師傅。

把餐廳取名「渡小月」，是父親陳進祥祈望能順利度過每年餐飲業的淡季，即農曆的四、五、九月，故以此為名。正如其名，現在的渡小月座無虛席、常常爆滿，沒有訂位還吃不到呢。

早期宜蘭受環境開發限制，生活較清苦，只有逢年過節才有機會吃到雞肉，而節儉、聰明的宜蘭人運用煮雞肉剩下的高湯，等到冷卻凝固後，裹粉下鍋油炸，誕生出外酥內軟又燙口、濃稠甘甜的糕渣。又如「日月雙撇」是用豬絞肉、魚漿、蔥等食材，鑲在五個剖半的鴨蛋上，一份食材就能製作出兩盤菜，看起來又豐盛澎派，顯現出老祖宗食材運用極致的智慧。

而現在，「蘭陽古早味，研發再創新」是渡小月的精神，每道料理都會融入古法製作，烹調方式、擺盤、燈光、藝術氛圍等等，經常求新求變，不論是聽覺、視覺、味覺都能獲得極大的滿足，每次造訪總能給賓客新的感受，而且經典菜餚多吃幾次也不會膩。

2005年陳兆麟師傅的第一本著作《渡小月宜蘭國宴台灣菜》的拍攝記錄照。

因為靠海近，漁獲頗豐，這裡除了提供傳統台菜，海鮮料理也是一大亮點。渡小月會依當天捕獲的漁貨，根據食材決定當天的菜單。而這些採買工作陳師傅也都是親自挑選、親力親為，從此可以看出陳師傅對食材品質的堅持與要求，以及對料理的熱愛與精神，可以用「盡心盡力」來註解。

傳承數代的宜蘭精神，創造了不少享譽中外的知名料理，這些歷史都刻印在「渡小月」這塊招牌上。而珍惜每樣食材的陳師傅，烹煮料理時總是將它們的美味發揮到極致，讓來到店裡的客人吃得滿意、吃得盡興，讓宜蘭的古早味發揚光大，令賓客讚不絕口！也正因為陳師傅對台菜、對宜蘭有很深刻與豐富的情感，為了把一身的技藝和料理的精神傳承下去，讓世人看見「一輩子就做好一件事」的專注精神與料理人態度。

渡小月餐廳創始人：陳進祥師傅，早年廚房工作的狀況。

傳承至今四代的宜蘭餐飲家族。

✤「味道」決勝負 新蘭陽風味菜的推手

如果說「渡小月」是造訪宜蘭必嚐的在地古早味，那「麟手創料理」就可以稱得上是進階版，不但融合了創新與傳統，彰顯蘭陽菜的精采內涵，讓台灣料理更有味，而這也是陳師傅畢生推動的「台菜精緻化」。採用無菜單料理的方式呈現，外在的擺盤和菜色很西式，但入口卻是火候、技藝皆扎實的台灣味。總鋪師陳師傅把各種風味、口感、香氣、刀工、色彩、食材、器皿、聲音和燈光等等，都融合進一道道美味的料理中。

「醬汁的美味來自於高湯，料理的高下則是看廚師」，陳師傅認為「味道」是最基礎的功夫，也是分出餐廳高下的關鍵因素，陳師傅常掛在嘴邊的一句話：「如果自己都覺得不好吃，那就千萬不要端出來給客人吃。」

練好基本功之後，最重要的第二步就是拓展自己的眼界。如果沒有個富爸爸，又不是廚師出身，那就要捨得花錢多看多吃多嘗試，拓展自己的視野與格局。陳師傅回想年輕當兵時，一個月的薪水才七百多元，他就投資去品嚐高級西餐料理，一頓將近五百元，甚至願意花一百元喝一杯高級咖啡。他認為用自己的眼睛、鼻子和舌頭去感覺味道，看一家店的裝潢佈置，以及如何經營，都是在累積自己的經驗值和感受力。

陳師傅提起印象最深刻的一件事，就是多年前前亞都麗緻大飯店總裁嚴長壽先生，帶著一行人到國外米其林餐廳用餐，當時觀光局補助二十萬元，但第一餐的費用就超過二十萬元。唯有吃過國外

渡小月餐廳
早年的風貌。

的高級餐廳後，才真正體會到什麼是高檔、什麼是頂級？這就是奠定他為何堅持數十年的初衷：把「宜蘭菜」推向全世界！

籌辦國宴成御廚

把畢生精力都奉獻給台灣料理的陳師傅，看遍歐美、日本、法國菜的精緻與奢華，國際上等同於高檔料理的同義詞；台灣雖小，但擁有豐沛的農畜漁產等新鮮食材，加上台灣努力又用心的廚師非常多，為何不能製作出與世界各國料理並駕齊驅的高檔美食，為何台菜只能淪為「吃粗飽」的代名詞？

有鑑於此，陳師傅積極行動，在台菜還沒走向精緻化前，他就頻頻參與國際級的廚藝賽事，並研發、解構台菜的元素，烹煮內外

Chen, Cha

皆美的創意料理，這股熱情帶動許多對台菜熱情的廚師。

因緣際會下，陳師傅在二〇〇三年被選為國宴主廚，他以糕渣、膽肝、芋泥、棗餅西魯肉和宜蘭鴨賞做為國宴料理菜單，宴請各國貴賓。陳師傅大膽的把傳統古早味融合創新的手法，從用料、擺盤和場地佈置等，讓用餐的賓客眼、鼻、舌的極致感官享受，不僅滿足了口腹之欲，更是令人為之驚艷。從此蘭陽菜在台灣料理站穩腳步，成為宜蘭之光。

而後陳師傅仍秉持著做好宜蘭菜的態度，端出一道道美味新鮮料理，為了降低鴨賞的鹹味，他特別使用檸檬當作佐料，增加清新爽脆的口感，果然大受好評，賓客讚不絕口。

就是這樣秉持著初衷的態度，陳師傅認為當御廚沒有什麼了不起，最重要的是要忘記現有的成就，維持一貫的上進心與態度，藉由比賽的磨練與洗禮，不斷地自我突破與挑戰，才能自我超越，突破框架與自我設限。

渡小月餐廳早期風貌。

蘭陽西魯肉

宜蘭人樸實精神的古早味

蘭陽西魯肉是宜蘭赫赫有名的一道菜，同時也代表著宜蘭人的精神與特質。從前生活艱困，宜蘭人在婚喪喜慶或大節日的時候，就把家中所能找到的食材通通切成細絲，下鍋煮成為一道料理。

這道傳統料理雖然裡面有肉絲，卻不是滷肉，「西魯」也作「西滷」或「絲滷」，是日語羹湯（スープ）的音譯，也有人說西魯肉是宜蘭的佛跳牆或是什錦雜菜羹，配料隨人增加或減少，有人會加干貝或魚翅，依據個人喜好或口味而定。

這道菜還有兩種說法，一說是這道菜是由一位叫「西夢」的人做的，後來傳來傳去就誤植為「西魯」；二說是日本人覺得這道菜的湯非常好喝，日語「西路西路」是指湯菜類的意思，所以久而久之，發音就變成「西魯」了。不過也有人認為由於製作的過程中要勾芡作成羹，台語「勾芡」又稱為「打魯」，因此西魯肉的命名與料理方式可能有關係。

蘭陽西魯肉的食材，根據季節有些許不同，通常夏季用竹筍，冬天則用大白菜，但最重要的還是鋪在上面的蛋酥，而且一定得用鴨蛋來做。鴨蛋做成的蛋酥是這道菜的靈魂，吃起來爽脆有嚼勁，還有點像肉的味道，充分顯示出宜蘭人珍惜食材的心，把多種食材匯集成一道菜，如同民族「團聚」的美好象徵！

蘭陽西魯肉

陳兆麟師傅

材料

梅花豬肉——600公克
乾香菇（泡水）——80公克
荸薺——110公克
紅蘿蔔——40公克
珠蔥——30公克
竹筍——200公克
大白菜——600公克
鴨蛋——2顆
扁魚酥——8公克
高湯——1500毫升
豬油——15公克
香菜——5公克

調味料

醬油——10公克
二號砂糖——3公克
胡椒粉——1公克
香油——2公克

作法

01 梅花豬肉、香菇、荸薺、紅蘿蔔、竹筍、大白菜切絲，珠蔥切末。

02 將竹筍絲、荸薺絲、大白菜絲各別汆燙後撈起，湯汁留著備用。

03 取一不鏽鋼碗打入鴨蛋，將鴨蛋打散。

04 鴨蛋蛋液倒入漏勺，淋下油鍋。

05 蛋液炸成金黃色蛋酥後撈起備用。

06 熱鍋倒入豬油，先放入珠蔥炒香。

07 再加入香菇絲、紅蘿蔔絲、荸薺絲、竹筍絲、豬肉絲，拌炒至豬肉煮熟。

08 加入高湯，加入蛋酥，以醬油、二號砂糖、胡椒粉、香油調味，開中小火慢煮，使食材香氣釋出備用。

09 另起一鍋，大白菜絲和湯汁加入扁魚酥燜炒。

10 將大白菜絲先盛入碗底。

11 再將其他食材及湯盛入碗中。

12 最後放上些許蛋酥與香菜點綴。

名廚真功夫

＊炸蛋酥時，可以在鴨蛋蛋液中加入雞蛋蛋液，炸起來蛋酥會比較香。

＊將西魯肉填入水煮的冬瓜球盅，亦可做成獨享料理的「香盅西魯肉」。

2
4
5
7
8
9
10
11

舌尖上的傳人：掌杓一甲子的百味人生，再現手路菜美味風華 / 陳嘉謨作. -- 初版. --
臺北市 : 帕斯頓數位多媒體, 2019.09
面 ;　公分. -- (頑味 ; 64)
ISBN 978-957-8628-41-0(平裝)
1.飲食 2.食譜 3.文集

427.07　　108009443

頑味 Food 64

舌尖上的傳人——
掌杓一甲子的百味人生，再現手路菜美味風華

作　　者——陳嘉謨
總 編 輯——張云喬
編　　輯——李冠慶
發行經理——吳文浩
行銷企劃——葉子瑄
法律顧問——連世昌律師
美術設計——魏小扉
內頁排版——魏小扉
攝　　影——力馬亞文化創意社
光合作攝影工作室
多點影像有限公司
出　　版——帕斯頓數位多媒體
電子信箱——pestle.lionlike@gmail.com
地　　址——台北市文山區景後街九五號八樓之七
電　　話——(02) 2930-8032
傳　　真——(02) 2930-9352

製版印刷——鴻霖印刷傳媒股份有限公司
版　　次——二〇一九年九月初版一刷
總 經 銷——知遠文化事業有限公司
地　　址——新北市深坑區北深路三段一五五巷二五號五樓
電　　話——(02) 2664-8800
傳　　真——(02) 2664-8801
港澳地區總經銷——和平圖書有限公司
地　　址——香港柴灣嘉業街一二號百樂門大廈一七樓
電　　話——(852) 2804-6687
傳　　真——(852) 2804-6409
定　　價——新台幣五〇〇元／港幣一六七元
歡迎團體訂購，另有優惠，
請洽讀者服務專線 (02) 2930-8032
Printed in Taiwan

請　沿　線　撕　下　對　折　寄　回

貼郵票格

11609
台北市文山區景後街 95 號 8 樓之 7

帕斯頓數位多媒體有限公司　收

書系：頑味 64
舌尖上的傳人——
掌杓一甲子的百味人生，再現手路菜美味風華

帕斯頓數位多媒體
讀者意見回函

◆請問你從何處知道此書？ □作者部落格 / 臉書 □網路 □書店 □書訊
□書評 □報紙 □廣播 □電視 □廣告 DM □親友介紹
□其他＿＿＿＿＿＿＿＿

◆請問你以何種方式購買本書？ □誠品書店 □誠品網路書店
□博客來網路書店 □金石堂書店 □金石堂網路書店 □量販店
□其他＿＿＿＿＿＿＿＿

◆請問購買此書的理由是？
□書籍內容實用 □喜歡本書作者 □喜歡本書編排設計

◆你的閱讀習慣：□文學 □藝術 □旅遊 □手作 □烹飪 □社會科學
□地理地圖 □民俗采風 □圖鑑 □歷史 □建築 □傳記 □自然科學
□戲劇舞蹈 □宗教哲學 □其他

◆你是否曾經付費購買電子書？ □有 □沒有

◆你對本書的評價：

書　　名	□非常滿意	□滿意	□尚可	□ 待改進
封面設計	□非常滿意	□滿意	□尚可	□ 待改進
版面編排	□非常滿意	□滿意	□尚可	□ 待改進
印刷品質	□非常滿意	□滿意	□尚可	□ 待改進
書籍內容	□非常滿意	□滿意	□尚可	□ 待改進
整體評價	□非常滿意	□滿意	□尚可	□ 待改進

◆你對本書的建議：
＿＿＿＿＿＿＿＿＿＿＿＿＿＿＿＿
＿＿＿＿＿＿＿＿＿＿＿＿＿＿＿＿

姓名：＿＿＿＿＿＿＿＿ □女 □男 年齡＿＿＿＿

地址：＿＿＿＿＿＿＿＿＿＿＿＿＿＿＿＿

電話：公＿＿＿＿ 宅＿＿＿＿ 手機＿＿＿＿

Email：＿＿＿＿＿＿＿＿＿＿＿＿＿＿＿＿

學歷：□國中（含以下） □高中職 □大專 □研究所以上

職業：□生產 / 製造 □金融 / 商業 □傳播 / 廣告 □軍警 / 公務員 □教育 / 文化
□旅遊 / 運輸 □醫療 / 保健 □仲介 / 服務 □學生 □自由 / 家管
□其他＿＿＿＿＿＿＿＿

※ 請務必填妥：姓名、地址、聯絡電話、e-mail 。